材料科学研究与工程技术系列

《材料物理性能及其在材料研究中的应用》习题集

Practice and Guide for Physical Properties of Materials and Their Applicaiton in the Research

● 何 飞 赫晓东 主编

哈爾濱工業大學出版社

内 容 简 介

本书是《材料物理性能及其在材料研究中的应用》一书的配套习题及解答,以单项选择题、判断题和问答题的形式,总结和概括了《材料物理性能及其在材料研究中的应用》一书中重要的基本概念、物理本质、影响规律以及在材料研究中的应用等内容,对所有习题进行了详细的解答和分析。本书内容覆盖面宽、基础性强、重点突出,有助于巩固与材料物理性能相关的理论知识,提高分析和解决问题的能力。

本书可作为材料科学与工程学科领域的专业基础参考资料,也可供材料科学领域的科研人员和相关高等院校的师生阅读参考。

图书在版编目(CIP)数据

《材料物理性能及其在材料研究中的应用》习题集/何飞,赫晓东主编.—哈尔滨:哈尔滨工业大学出版社,2021.6

ISBN 978-7-5603-9534-0

Ⅰ.①材… Ⅱ.①何… ②赫… Ⅲ.①材料科学-物理学-习题集 Ⅳ.①TB303-44

中国版本图书馆 CIP 数据核字(2021)第 115667 号

策划编辑 许雅莹
责任编辑 张 颖 王 娇
封面设计 高永利
出版发行 哈尔滨工业大学出版社
社 址 哈尔滨市南岗区复华四道街 10 号 邮编 150006
传 真 0451-86414749
网 址 http://hitpress.hit.edu.cn
印 刷 黑龙江艺德印刷有限责任公司
开 本 787mm×1092mm 1/16 印张 9.75 字数 240 千字
版 次 2021 年 6 月第 1 版 2021 年 6 月第 1 次印刷
书 号 ISBN 978-7-5603-9534-0
定 价 22.00 元

前　　言

本书是何飞等编著的《材料物理性能及其在材料研究中的应用》的配套习题及解答。内容包括该书中各章习题和补充习题及其详细解答。配套习题的形式包括单项选择题、判断题和问答题，覆盖了《材料物理性能及其在材料研究中的应用》重要的基本概念、物理本质和各种影响因素分析等内容，有助于读者思考和学习书中的关键内容。习题所配置的详细解答，深入浅出地对问题进行了解释和说明，重点突出，并且还对问题中易错的内容进行了扩展说明，有助于读者准确把握学习内容的基础理论及重点和难点。

本习题集是根据作者多年一线教学经验编写的，各章所设计的题目能充分反映各章内容的基础理论及重点和难点。题目除了集中于基本理论和物理本质以外，还以读者熟知的材料为例，设计了若干材料实验，目的是使读者能够利用所学知识正确分析和讨论材料研究中所面临的实际问题，培养读者判断工程材料的优劣并正确选择和使用材料，提出改变和提高材料物理性能的方法等能力。本习题集可作为材料物理性能课程的配套习题资料，供材料科学领域的科研人员和相关高等院校的师生阅读参考。

由于作者的知识范围和水平有限，书中难免有疏漏，敬请同行和广大读者批评指正。

编　者

于哈工大科学园

2021 年 3 月

前言

目　　录

第一部分　自我训练

第二部分　参考答案及解题分析

第一部分

自我训练

第一部分

自我训练

第1章　材料物理基础知识

一、单项选择题

1. 下列说法正确的是(　　)
   A. 宏观物质也具有波动性
   B. 微观粒子只具有波动性
   C. 只有微观粒子具有波粒二象性
   D. 宏观物体只具有粒子性
2. 下列说法错误的是(　　)
   A. 一切微观粒子都具有波粒二象性
   B. 测不准原理限制了经典力学的适用范围
   C. 微观粒子的运动特征只能用量子力学理论来处理
   D. 经典力学是量子力学的一种近似
3. 关于通过狭缝的电子衍射实验,下列说法错误的是(　　)
   A. 狭缝间距离越小,感光板上衍射主峰的范围越大
   B. 狭缝电子衍射实验是微观粒子波粒二象性的体现
   C. 坐标与动量不能同时具有确定值
   D. 电子通过狭缝的偏离程度与狭缝间距无关
4. 德布罗意波也称(　　)
   A. 平面波
   B. 物质波
   C. 机械波
   D. 电子波
5. 下列概念与波函数无关的是(　　)
   A. 概率波
   B. 归一化
   C. 微观粒子的状态
   D. 位置确定性
6. 下列说法错误的是(　　)
   A. 波函数 Ψ 与波函数 $\Psi' = c\Psi$ 所描写的是不同粒子状态
   B. 波函数 Ψ 绝对值的平方就是波函数 Ψ 与其共轭复数 Ψ^* 的乘积
   C. 波函数绝对值的平方可表示波函数的强度
   D. 物质波就是概率波

7. 薛定谔方程反映的是(　　)
A. 微观粒子的状态
B. 微观粒子的运动规律
C. 速度与坐标
D. 微观粒子在某处出现的概率
8. 下列说法错误的是(　　)
A. 自由粒子的状态满足定态的要求
B. 定态是一种力学性质稳定的状态
C. 定态下空间各处单位体积中找到粒子的概率不随时间变化
D. 定态下的概率密度是常数
9. 关于能级的简并,下列说法错误的是(　　)
A. 能级的简并与系统对称性有关
B. 能级的简并是不同量子数对应同一能级的现象
C. 若系统对称性遭到破坏,能级的简并将完全消失
D. 若 g 个不同的状态对应同一能级,则为 g 重简并
10. 关于势阱模型,下列说法错误的是(　　)
A. 势阱外找到粒子的概率为零
B. 势阱中,粒子的最低能量等于零
C. 能级越高,相邻能级间的差异越大
D. 势阱宽度越小,能级差越大
11. 下列哪个说法与索末菲假设无关(　　)
A. 价电子之间没有相互作用
B. 把原子核和芯电子看成离子实
C. 把晶体势场用一个处处相等的恒定势场来代替
D. 电子只能在金属内部运动,不能逸出金属外
12. 下列说法错误的是(　　)
A. 利用电子气模型可以解释很多金属晶体的宏观性质
B. 量子自由电子理论可以解释导体、绝缘体、半导体的导电性为什么存在巨大差异
C. 经典自由电子理论不能正确反映微观粒子的运动规律
D. 自由电子的状态服从费米 - 狄拉克的量子统计规律
13. 自由电子的能级是(　　)分布的。
A. 连续
B. 无规则
C. 不间断
D. 准连续
14. 下列说法正确的是(　　)
A. 自由电子的能级密度是常数
B. 自由电子的概率密度不可能是常数
C. k 空间上的每一个点都代表一种状态
D. 量子数 n 不能用来代表一种微观粒子的运动状态

15. 下列关于玻恩 - 卡曼边界条件的说法,错误的是(　　)

A. 相当于有 N 个相同的晶体首尾相接

B. 确保自由电子不逸出晶体表面

C. 能够决定波函数通解中的所有系数

D. 符合索末菲假设对边界条件的要求

16. 有关费米能,下列说法错误的是(　　)

A. 费米能是电子能否占据能级的分界

B. 费米能与温度有关

C. 0 K 下的费米能最大

D. 费米面上的能量都相等

17. 有关费米分布函数,下列说法错误的是(　　)

A. 0 K 下,高于费米能的能级上没有自由电子存在

B. 0 K 下,自由电子只能出现在低于费米能的能级上

C. 只有费米能附近的少量自由电子能够具有大于费米能的能量

D. 温度越高,费米能以下的能级上自由电子越多

18. 0 K 时,自由电子系统内每个电子的平均能量是费米能的(　　)

A. 1/5

B. 2/5

C. 3/5

D. 4/5

19. 三维 k 空间中,单位能量间隔范围内能够容纳的自由电子状态数随能量的增大(　　)

A. 减小

B. 增大

C. 不变

D. 无函数关系

20. 一维、二维、三维 k 空间中,能级密度 $Z(E)$ 与能量 E 之间的关系分别对应满足(　　)

A. $Z(E)=$常数、$Z(E)\propto\sqrt{E}$、$Z(E)\propto\frac{1}{\sqrt{E}}$

B. $Z(E)\propto\sqrt{E}$、$Z(E)=$常数、$Z(E)\propto\frac{1}{\sqrt{E}}$

C. $Z(E)\propto\sqrt{E}$、$Z(E)\propto\frac{1}{\sqrt{E}}$、$Z(E)=$常数

D. $Z(E)\propto\frac{1}{\sqrt{E}}$、$Z(E)=$常数、$Z(E)\propto\sqrt{E}$

21. 能带理论较量子自由电子理论考虑了(　　)的影响

A. 价电子之间的相互作用

B. 晶体中存在周期性势场

C. 晶体内存在恒定势场

D. 电子不能逸出金属外

22. 下列有关布洛赫定理的描述,错误的是(　　)
 A. 在周期性势场中运动电子的波函数满足布洛赫定理
 B. 布洛赫波的振幅也呈周期性
 C. 晶体中的电子是一个具有周期性调制振幅的平面波
 D. 经布洛赫定理处理后的薛定谔方程可解

23. 晶体中的电子称为(　　)
 A. 束缚态电子
 B. 准自由电子
 C. 自由电子
 D. 共有化电子

24. 下列说法正确的是(　　)
 A. 若要获得晶体中准自由电子的运动状态,需要对晶体势场进行近似
 B. 准自由电子的概率密度是常数
 C. 布洛赫波的振幅是常数
 D. 准自由电子不具备自由电子和原子束缚态电子的运动特点

25. 下列对近自由电子近似的描述,正确的是(　　)
 A. 近自由电子近似将自由电子视为微扰
 B. 近自由电子近似认为固体内部电子只在单个原子周围运动
 C. 零级近似实际已经忽略了晶体的周期性势场
 D. k 越接近$\frac{n\pi}{a}$,$E-k$ 曲线越接近自由电子的 $E-k$ 曲线

26. 由 N 个原胞构成的一维晶体,下列有关一维布里渊区说法正确的是(　　)
 A. 一维 k 空间中,每个布里渊区的线度都相等
 B. 每个布里渊区的能级数与 N 无关
 C. 每个布里渊区内含有的状态数与 N 无关
 D. 每个布里渊区的宽度为$\frac{\pi}{a}$

27. 下列有关二维第一布里渊区,说法错误的是(　　)
 A. 布里渊区边界垂直平分倒格矢
 B. 布里渊区边界可能出现能带交叠
 C. 每个布里渊区的面积都相等
 D. 越接近布里渊区,能量变化越快

28. 下列有关三维第一布里渊区,说法正确的是(　　)
 A. 能级密度随能量增大而增大
 B. 能级密度有最大值
 C. 晶体的布里渊区形状都相同
 D. 等能面不是球面

29. 下列有关晶体能带理论应用,说法正确的是(　　)

A. 满带可以导电

B. 金属的导电性主要源于导带导电

C. 半导体的价带不是满带

D. 绝缘体的非导电性与禁带无关

30. 下列对紧束缚近似的描述,正确的是(　　)

A. 紧束缚近似仅考虑某个离子实的束缚,而将其他离子实的作用视为微扰

B. 晶体内离子实附近的电子行为与自由电子类似

C. 能级分裂从芯电子开始

D. N 个原子相互靠近形成晶格时,N 个具有相同能级的电子能量无变化

二、判断题

1. 宏观物质也具有波动性。(　　)
2. 波粒二象性是微观粒子区别于宏观物体运动规律的根本原因。(　　)
3. 微观粒子的运动不能用经典力学理论来处理。(　　)
4. 物质波就是代表实际物质的波。(　　)
5. 薛定谔方程的解就是波函数。(　　)
6. 海森堡测不准原理只适用于微观粒子。(　　)
7. 德布罗意关系建立了波动性与粒子性的统一。(　　)
8. 物质波和概率波不是同一概念。(　　)
9. 薛定谔方程与牛顿运动方程的地位相仿。(　　)
10. 定态下,薛定谔方程可分离位置与时间的分量。(　　)
11. 由玻恩 - 卡曼边界条件,每个晶体内相对应的位置上的自由电子运动状态都相同。(　　)
12. 由晶体构成的系统是一个简单的多粒子体系。(　　)
13. 量子自由电子理论中,自由电子所处的晶体场被视为恒定势场。(　　)
14. 自由电子波函数的量子化源于归一化条件的限制。(　　)
15. 自由电子的 $E-k$ 关系曲线是一条抛物线。(　　)
16. 自由电子填充的最高能级就是费米能。(　　)
17. 费米面是等能面。(　　)
18. 费米分布函数反映的是一种量子态被电子占据的概率。(　　)
19. 温度越高,费米能越大。(　　)
20. 0 K 下,自由电子的平均能量为 0。(　　)
21. 满带不导电,导带导电。(　　)
22. 量子自由电子理论能够解释导体、半导体和绝缘体的差异。(　　)
23. 周期性势场中电子的能量取值在 $k=\frac{n\pi}{2a}$ 处出现禁带。(　　)
24. 可将满足布拉格定律的入射电子波视为完全反射。(　　)
25. 因为二价金属价电子正好填满能带,因此不导电。(　　)
26. 0 K 时的半导体与绝缘体的能带结构相类似。(　　)

27. 二维 k 空间构成的第一布里渊区内,位于距原点相同距离的位置上越接近布里渊区边界的状态点,能量越高。(　　)

28. 跨过布里渊区边界,将出现能量跳跃。(　　)

29. 构成晶体时,原子越靠近,能级分裂越明显。(　　)

30. 构成晶体时,原子越靠近,芯电子能级越先分裂。(　　)

三、问答题

1. 请说明以下基本物理概念:

波粒二象性、德布罗意关系、位置与动量的不确定性、海森堡测不准原理、波函数、德布罗意波(物质波)、波函数的统计解释、概率密度、波函数归一化条件、薛定谔方程、定态、定态薛定谔方程、定态波函数、微观粒子的状态、微观粒子的状态方程、势阱模型、简并、微观粒子状态描述的方法、玻恩 - 卡曼边界条件、索末菲假设、k 空间、费米能、费米分布、能级密度、布洛赫定理、原子束缚态电子、电子共有化运动、准自由电子、布里渊区、能级分裂。

2. 德布罗意关系是什么? 能量与波矢间的关系如何建立的?

3. 写出海森堡测不准原理的表述式,概述其基本含义。

4. 什么是费米能? 费米能随温度如何变化? 费米能在费米分布中的作用是什么?

5. 费米 - 狄拉克分布函数是什么? 有何含义?

6. 什么是布里渊区? 并请解释禁带出现的原因。

7. 解释金属材料导电行为的量子自由电子理论相对经典自由电子理论有哪些改进?

8. 请用能带理论说明导体、半导体、绝缘体的导电原因?

9. 在能带理论的发展中,近自由电子近似和紧束缚近似的理论差异是什么?

10. 什么是 k 空间、等能面、能级密度? 为何微观粒子的能量会出现量子化?

11. 请解释布里渊区的存在会对准自由电子的能级密度造成怎样的影响?

12. 从电子能级的角度辨析满带、导带、价带、空带、禁带这 5 个概念。

13. 为什么满带中的电子不导电,而导带中的电子导电?

14. 请根据费米 - 狄拉克分布函数 $f(E)$ 回答以下问题。

(1) 在图 1.1 中示意性地画出 $f(E)$ 在 0 K、T_1 和 $T_2(T_1 < T_2)$ 时的能量分布,并说明 $f(E)$ 的物理意义。

(2) 解释 E_F 的物理意义?

(3) 能带理论与量子自由电子理论的理论基础差异在哪里? 禁带如何出现?

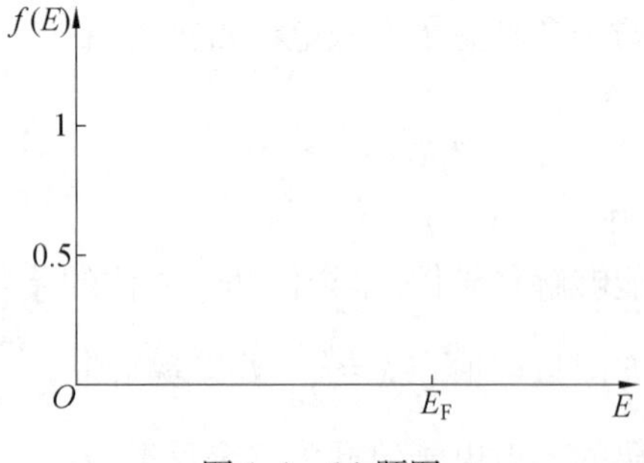

图 1.1　14 题图

15. 某晶体二维 k 空间内的第一布里渊区如图 1.2 所示，请回答如下问题。

(1) 什么是 k 空间和布里渊区？0 K 时，k 空间内最有意义的球面有什么含义？

(2) 请判断并解释图 1.2 中 A、B、C 三点的能量高低，并说明禁带出现的原因。

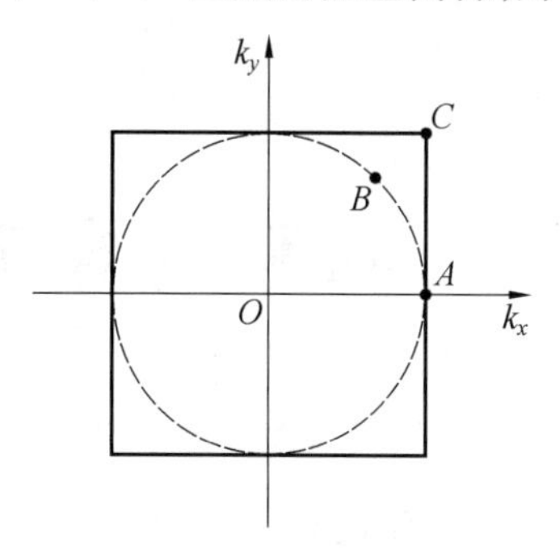

图 1.2　15 题图

16. 请描述图 1.3 的 k 空间中能获得的信息。

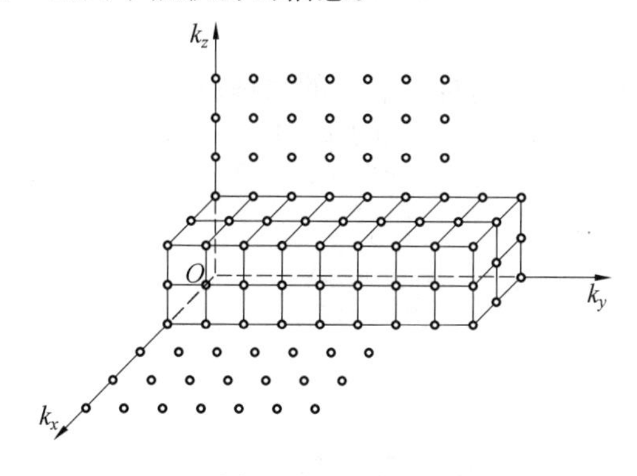

图 1.3　16 题图

17. 什么是能级密度？请自行推导一维、二维和三维情况下能级密度 $Z(E)$ 与能量 E 的对应关系。

第 2 章　材料的导电性能

一、单项选择题

1. 关于材料的导电性,下列说法错误的是(　　)
   A. 材料的导电性差异很大
   B. 材料的导电性与载流子的迁移有关
   C. 材料具有多种载流子
   D. 电阻是一个只与材料本身性能有关的物理量
2. 下列与材料导电性相关的表达式错误的是(　　)
   A. $J = \sigma E$
   B. $\rho = R\dfrac{L}{S}$
   C. $\rho = \dfrac{1}{\sigma}$
   D. $\sigma = nq\mu$
3. 载流子迁移率的物理意义是(　　)
   A. 载流子在电场中的迁移速度
   B. 载流子在单位时间内经过的距离
   C. 载流子在单位电场中的迁移速度
   D. 单位时间内通过单位截面积的载流子数量
4. 关于材料导电性理论,下列说法错误的是(　　)
   A. 经典自由电子理论将自由电子的机械碰撞视为电阻的来源
   B. 量子自由电子理论中,将金属电阻的产生视为电子波被正离子点阵的散射
   C. 能带理论中,电子的有效质量是考虑晶体点阵对电场作用的结果
   D. 三种导电理论的不同,源于实际考虑的电子质量和散射系数的不同
5. 经典自由电子理论认为金属的电阻来源于(　　)
   A. 自由电子的运动
   B. 自由电子与正离子之间的碰撞
   C. 自由电子的运动速度
   D. 自由电子之间及自由电子与正离子之间的碰撞
6. 量子自由电子理论认为金属中参与导电的电子是(　　)
   A. 金属中的自由电子
   B. 费米面附近的电子

C. 导带上的电子

D. 满带的电子

7. 能带理论认为金属的导电性与(　　) 有关

A. 金属中的自由电子

B. 费米面附近的电子

C. 导带上的电子

D. 满带的电子

8. 金属产生的电阻主要源于(　　)

A. 电子在晶格内运动受到的散射

B. 离子的热振动

C. 杂质

D. 缺陷

9. 温度较高时,金属产生电阻的机制主要是(　　)

A. 电子 - 电子散射

B. 电子 - 声子散射

C. 声子 - 声子散射

D. 电子 - 光子散射

10. 下列有关金属中电阻率随温度变化规律的描述,错误的是(　　)

A. 极低温下存在残余电阻率

B. 在较高温区,电阻率与温度成一次方关系

C. 在相对低温区,电阻率与温度成三次方关系

D. 有些金属在某一温度下电阻会突变为0

11. 在应力下,与金属导电性相关的描述错误的是(　　)

A. 电阻压应力系数为正值

B. 压应力引起晶格畸变减弱

C. 应力可能引起材料发生相变

D. 极高应力下有可能变成超导体

12. 下列有关金属导电性与冷加工之间的描述,正确的是(　　)

A. 冷加工引起电阻率降低

B. 晶粒越细小,电阻率越低

C. 冷加工引起的缺陷类型对电阻率的贡献相同

D. 高温退火处理可使电阻率恢复到冷变形前的数值

13. 一般来说,(　　) 可以引起电阻率的降低

A. 溶入溶质原子形成固溶体

B. 材料变薄

C. 有序化处理

D. 冷变形

14. 形成一个缺陷所需要的能量,称为(　　)

A. 解离能

B. 离解能

C. 迁移能
D. 激活能

15. 电导活化能包括(　　)
A. 迁移能
B. 缺陷形成能
C. 缺陷形成能和迁移能
D. 扩散能

16. 下列关于离子类载流子导电的描述,错误的是(　　)
A. 本征导电在低温条件下形成
B. 离子类载流子导电通常是在多种载流子下的导电
C. 温度越高,缺陷越容易形成
D. 离子类载流子导电通常考虑的是离子扩散的情况

17. 离子类载流子导电与(　　)无关
A. 载流子数量
B. 载流子的迁移率
C. 电导活化能
D. 自由电子

18. 下列关于影响离子类载流子导电的描述,错误的是(　　)
A. 温度越高,电阻率越高
B. 导电机制变化,可能引起电导率变化出现拐点
C. 碱卤化合物的负离子半径越大,电导率越高
D. 离子晶体中点缺陷的生成和浓度大小是决定离子导电的关键

19. n 型半导体的施主能级一般位于(　　)
A. 接近导带的下方
B. 接近满带的上方
C. 费米能的上方
D. 接近价带的上方

20. 随着温度的升高,p 型半导体的费米能(　　)
A. 从导带底部能级向禁带中央变化
B. 从导带顶部能级向禁带中央变化
C. 从价带顶部能级向禁带中央变化
D. 从价带底部能级向禁带中央变化

21. 下列说法正确的是(　　)
A. 电子和空穴的迁移率随温度升高而下降
B. 电子和空穴的数量随温度升高而下降
C. 本征半导体的电导率随温度升高而下降
D. 金属的电导率随温度升高而上升

22. 下列有关杂质半导体导电的说法,错误的是(　　)
A. 杂质半导体导电随温度变化存在饱和区
B. 低温区,杂质半导体的电导率随温度升高而下降

C. 温度升高,杂质半导体导电将呈现本征导电的特征

D. 高温下,杂质半导体上的电子完全离解激发

23. 下列有关 pn 结的说法,错误的是(　　)

A. pn 结存在单向导电性

B. pn 结中存在空间电荷区

C. pn 结能够被击穿

D. pn 结的费米能就是 n 型半导体和 p 型半导体的费米能

二、判断题

1. 工程上可用相对电导率来表征导体的导电性能。(　　)
2. 自由电子是导体中的唯一载流子。(　　)
3. 迁移率可用来表征载流子种类对导电的贡献。(　　)
4. 电导率的单位是 S · m。(　　)
5. 材料的导电性需要考虑每种载流子的数量、带电量及迁移率。(　　)
6. 金属合金化后的电阻率往往比金属各组元的电阻率大。(　　)
7. 变形量越大,金属的电阻率越低。(　　)
8. 电阻拉应力系数为正数。(　　)
9. 金属织构问题可借助金属的导电性进行表征。(　　)
10. 一般来说,点缺陷引起的剩余电阻率变化比线缺陷的影响小。(　　)
11. 简单金属形成的固溶体电阻率,最大值往往位于 50%(原子数分数)处。(　　)
12. 高温时用电阻法研究金属冷加工更为合适。(　　)
13. 不同缺陷类型对电阻率影响程度类似。(　　)
14. 量子自由电子理论和能带理论中所描述的自由电子的平均自由程相同。(　　)
15. 材料晶体结构的各向异性往往引起电阻率的各向异性。(　　)
16. 参与杂质导电的杂质往往是晶格中结合较强的离子。(　　)
17. 熔点越高的离子晶体,电导率也越高。(　　)
18. 离解能越低,热缺陷浓度越高。(　　)
19. 离子的导电性往往与离子扩散有关。(　　)
20. 离子导电时,往往同时存在正离子和负离子的导电。(　　)
21. 半导体的导电性也是电子类载流子导电。(　　)
22. 空穴的移动方向与电场方向相同。(　　)
23. 半导体的费米能位于禁带中央。(　　)
24. 半导体的导电性与其能带结构也有关系。(　　)
25. 较高温度下,n 型半导体施主能级上的电子比导带底部的电子多。(　　)

三、问答题

1. 请说明以下基本物理概念:

迁移数、迁移率、有效质量、电阻温度系数、电阻压应力系数、电阻各向异性系数、离解能、电导活化能、扩散激活能、本征激发、电离能、迈斯纳效应、约瑟夫森效应、超导的三个指标、库珀电子对。

2. 经典自由电子理论、量子自由电子理论、能带理论对金属导电性的描述有何差异？造成差异的原因是什么？

3. 什么是马西森定律？并请说明金属材料电阻率随温度变化的原因。

4. 如何理解应力对金属导电性的影响？

5. 离子导电能力随温度变化的关系如何？原因是什么？

6. 为什么快离子导体的导电性比一般固体电解质好？

7. 请解释快离子导体的导电机理。

8. 电子类载流子导电材料和离子类载流子导电材料的电导率随温度变化关系的相同点和不同点在哪里？并请简要说明原因。

9. 半导体导电能力随温度变化的关系如何？原因是什么？

10. 请用能带理论说明导体、半导体、绝缘体的导电性差别。

11. 请绘出本征半导体、n型半导体和p型半导体的能带结构示意图，并说明其能带结构的特征。

12. pn 结如何实现动态平衡和单向导电？

13. 在讨论金属和电解质的导电性影响因素时的分析思路有什么不同？请进行说明。

14. 在讨论金属和半导体的导电性影响因素时的分析思路有什么不同？请进行说明。

15. 超导材料有什么特性？

16. 请解释超导现象的物理本质。

17. 第 Ⅰ 类超导体和第 Ⅱ 类超导体有什么区别？

18. 图2.1为某合金在升温过程中电阻率随温度变化的关系曲线。合金在 T_1 和 T_2 温度区间内电阻率随温度增加异常增加，请列举在此温度范围内3种可能发生的相应相变，并解释相变对电阻率影响的原因。

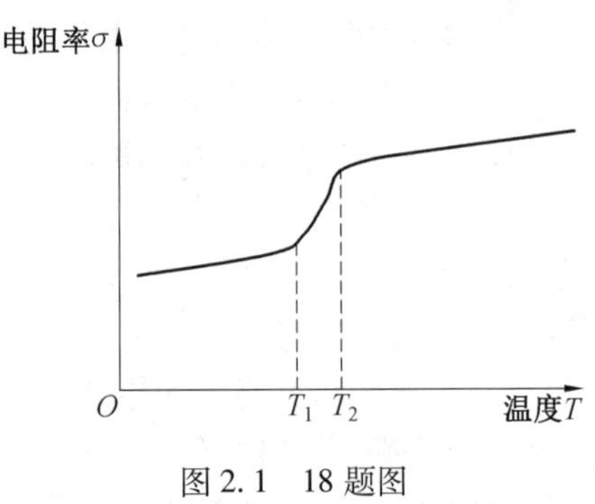

图2.1　18题图

19. 请列举几种电阻率随温度升高而异常降低的可能相变，并解释相变对电阻率影响的原因。

20. 某半导体材料电导率随温度变化的关系如图2.2所示，根据此图请回答如下问题。

(1) 请说明该材料电导率随温度变化关系的原因。

(2) 该材料与电子类载流子导电材料和离子类载流子导电材料的电导率随温度变化关系的相同点和不同点在哪里？并请说明原因。

(3) 用能带理论说明半导体和绝缘体导电性不同的原因。

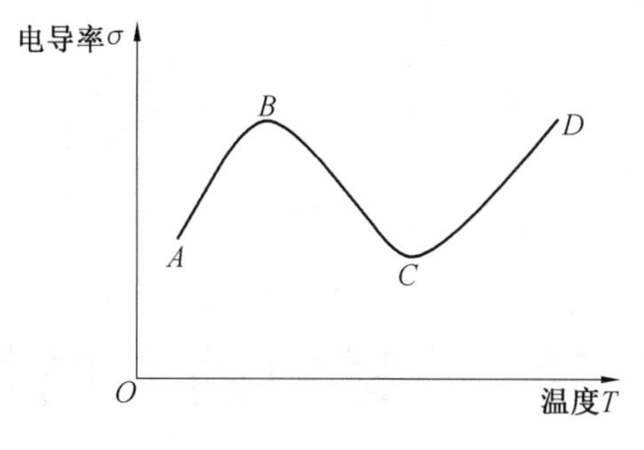

图2.2　20题图

21. 图2.3为某杂质半导体的能级分布,请回答如下问题。

(1) 该杂质半导体为哪类半导体? 其费米能级随温度升高将如何变化? 请简要说明原因。

(2)pn结如何实现单向导电?

(3) 半导体导电性随温度变化的关系如何? 原因是什么?

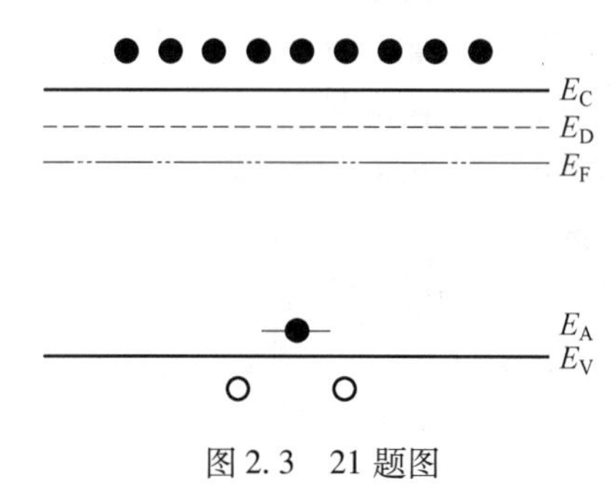

图2.3　21题图

第3章　材料的介电性能

一、单项选择题

1. 下列说法错误的是(　　)
   A. 电介质是一类导体
   B. 载流子的长程迁移形成导电现象
   C. 载流子的短程移动表现为极化现象
   D. 产生感应电荷出现极化
2. 下列有关介电常数 ε 的描述,错误的是(　　)
   A. 电介质的极化能力常用相对介电常数来表示
   B. ε 越大,极化能力越弱
   C. ε 反映了电介质在电场中的极化特性
   D. ε 的大小与电场频率有关
3. 下列有关电极化强度 P 的描述,错误的是(　　)
   A. P 的大小反映了电介质的极化程度
   B. P 也是电荷面密度
   C. P 不仅与外加电场有关,也与退极化场有关
   D. P 与外加电场强度成正比
4. 下列有关电偶极矩 μ 的描述,正确的是(　　)
   A. μ 的单位为库仑／米
   B. μ 在单位体积下的矢量和就是电极化强度
   C. μ 的方向由正电荷指向负电荷
   D. μ 的方向与外电场方向相反
5. 下列有关电介质极化微观机制的描述,错误的是(　　)
   A. 一般来说,电子位移极化与电场频率相关
   B. 离子偏移平衡位置引起离子位移极化
   C. 取向极化与电偶极子定向排列有关
   D. 介质中的各种缺陷都可能成为引起空间电荷极化的因素
6. 下列哪种极化形式与温度无关(　　)
   A. 电子位移极化
   B. 离子位移极化
   C. 取向极化
   D. 空间电荷极化

7. 克劳修斯 - 莫索堤方程建立了电介质(　　)的关系
   A. 微观极化机制
   B. 宏观极化性能
   C. 宏观极化性能与微观极化机制之间
   D. 电偶极矩之间
8. 下列说法正确的是(　　)
   A. 弛豫极化只与带电粒子的热运动有关
   B. 空间电荷极化随温度的升高而升高
   C. 取向极化的过程是非弹性的
   D. 离子位移极化随温度升高而降低
9. 存在晶界、杂质等缺陷的不均匀介质中主要引起(　　)
   A. 电子位移极化
   B. 离子位移极化
   C. 取向极化
   D. 空间电荷极化
10. 微观上,利用球形腔模型提出的局部电场,又称为(　　)
   A. 莫索堤有效电场
   B. 洛伦兹有效电场
   C. 克劳修斯有效电场
   D. 克劳修斯 - 莫索堤有效电场
11. 交变电场下电容器中电介质出现介质损耗的原因是(　　)
   A. 极化强度落后于外加电场的变化
   B. 外加电场落后于极化强度的变化
   C. 电介质把热能转化成电能
   D. 电介质把电能用于充电
12. 下列说法中,不是造成介质损耗的因素是(　　)
   A. 电介质内的气孔被电离
   B. 电介质被极化
   C. 电介质出现漏电
   D. 电容器中的电介质把电能用于充电
13. 在交流电场中,非理想电介质的损耗角 δ 是(　　)间的夹角
   A. 电压与漏电电流
   B. 电容电流与漏电电流
   C. 电压与电容电流
   D. 总电流与电容电流
14. 下列说法错误的是(　　)
   A. ε' 在复介电常数中表示无能量损耗部分
   B. ε'' 在复介电常数中表示能量损耗部分
   C. $\tan\delta$ 越小,表示损失的能量越大
   D. 复电导率的表达式能直接反映损耗关系

15. 下列说法错误的是(　　)

A. 频率很小时,不存在极化损耗

B. 频率很高时,极化能力趋向最大值

C. 随着频率增加,极化能力减小

D. 当 $\omega\tau = 1$ 时,$\tan\delta$ 具有最大值

16. 下列说法中,不是影响介质损耗的因素是(　　)

A. 频率

B. 温度

C. 弛豫时间

D. 充电电流

17. 下列说法正确的是(　　)

A. 温度对弛豫极化的影响是通过影响弛豫时间实现的

B. 随温度升高,弛豫时间增加

C. 空间电荷极化发生在高频下

D. 微观极化对频率响应不敏感

18. 在一个电介质上施加电场后,电介质(　　)

A. 极化强度从零开始缓慢增加,并趋于稳定值

B. 随时间延长,极化强度逐渐减小,并趋于稳定值

C. 随时间延长,极化强度始终不变

D. 随时间延长,极化强度逐渐增大,并趋于稳定值

19. 对电导率很低的电介质来说,(　　)将产生极化损耗

A. 交变电场频率很低时

B. 交变电场频率很高时

C. 弱束缚电荷在弛豫极化时

D. 电偶极矩的变化与外加电场一致时

20. 下列说法中,不是介质损耗的形式是(　　)

A. 均匀介质损耗

B. 结构损耗

C. 极化损耗

D. 电离损耗

21. 下列有关电介质破坏的描述,错误的是(　　)

A. 电介质的介电特性只能在一定电场强度内保持

B. 材料厚度增加,介电强度升高

C. 电介质被击穿后将变为导电状态

D. 介电强度是电场强度的临界值

22. 下列有关电介质击穿机制的描述,错误的是(　　)

A. 热击穿时,击穿电压随温度和电压作用时间延长而迅速上升

B. 电场迫使电介质聚集足够多的带电质点,导致电介质导电,引起电击穿

C. 电击穿往往瞬间完成

D. 化学击穿包括热化学击穿和电化学击穿两种形式

23. 气泡本身的介电强度比固体介质的介电强度(　　)

A. 高

B. 低

C. 相等

D. 不确定

24. 下列说法错误的是(　　)

A. 电介质内气泡的存在容易引起整个介质被击穿

B. 材料组织结构的不均匀性引起介电强度下降

C. 固体介质因介质损耗产生热量造成介质破坏,发生热击穿

D. 双层介质中,电导率大的介质承受场强高

25. 下列说法中,对材料表面状态及边缘电场的描述,正确的是(　　)

A. 固体介质的表面放电不属于气体放电

B. 固体表面击穿电压常高于没有固体介质时的空气击穿电压

C. 电场的频率升高,会引起击穿电压降低

D. 电极边缘若发生电场畸变,常导致击穿电压上升

26. 下列关于材料压电性的说法,错误的是(　　)

A. 应力引起材料发生极化就是压电性

B. 逆压电效应实现了电能向机械能的转变

C. 逆压电效应引起的应变与电场方向无关

D. 任何电介质都具有电致伸缩现象

27. 下列有关压电效应的描述,正确的是(　　)

A. 电场引起的极化是压电效应

B. 不具有对称中心结构的电介质都具有压电效应

C. 具有对称中心结构的电介质具有压电效应

D. 具有压电效应的电介质晶体都不具有对称中心

28. 下列说法中,不是压电材料的特征是(　　)

A. 在外电场作用下能够发生尺寸变化

B. 晶体结构具有对称中心

C. 在电场中能够被极化

D. 应变量与电场强度成正比

29. 下列说法中,不是热释电性产生的条件是(　　)

A. 电介质具有自发极化特征

B. 晶体结构具有对称中心

C. 电介质存在极轴

D. 温度变化破坏了材料所处的电平衡状态

30. 下列说法错误的是(　　)

A. 对电介质来说,外电场只能引起电致伸缩现象

B. 热释电材料就是压电材料

C. 晶体内不存在自发极化就不可能具有热释电性

D. 坤特法可用来显示材料的热释电性

31. 下列说法中,不是铁电体的特征的是(　　)

A. 电畴结构

B. 磁化

C. 电滞回线

D. 介电反常

32. 下列说法中,有关电滞回线的说法,错误的是(　　)

A. 电滞回线的产生是外电场变化落后于电极化的结果

B. 电滞回线是铁电态的一个标志

C. 电滞回线包围的面积是极化一周所消耗的能量

D. 电滞回线中可以找到矫顽电场

33. 下列有关居里温度和介电反常的说法,正确的是(　　)

A. 铁电相介电常数随温度的变化满足居里 - 外斯定律

B. 相变是引起介电反常的原因

C. 相对于铁电相,顺电相位于低温区

D. 只有居里温度附近会出现介电反常现象

34. 下列有关铁电体自发极化的机理说法,错误的是(　　)

A. 自发极化产生的前提是晶体具有不对称中心

B. 顺电相 $BaTiO_3$ 的晶体结构是对称的

C. $BaTiO_3$ 具有三个相态

D. $BaTiO_3$ 自发极化的产生源于 Ti^{4+} 偏离氧八面体中心的位移运动

35. 下列有关反铁电体的描述,(　　)是正确的:反铁电体是在转变温度以下,邻近的晶胞彼此沿________方向自发极化,宏观上自发极化强度________,________电滞回线

A. 反平行;为 0;无

B. 反平行;为 0;有

C. 平行;不为 0;无

D. 平行;不为 0;有

36. 下列有关反铁电体的说法,错误的是(　　)

A. 反铁电体是一种反极性晶体

B. 反铁电体在反铁电态无电滞回线

C. 反铁电体转变为铁电态后,呈现双电滞回线

D. 反铁电体在顺电态下不满足居里 - 外斯定律

37. 下列说法正确的是(　　)

A. 热释电体无电滞回线

B. 热释电体不具有压电性

C. 铁电体无极轴

D. 铁电体是一类含铁磁性元素成分的材料

38. 下列有关铁电体电滞回线的描述,错误的是(　　)

A. 铁电体被极化至饱和过程中,同时伴随着一般电介质的极化

B. 铁电体被极化至饱和后继续极化,极化强度将随外电场近似呈线性关系增加

C. 饱和极化强度是电滞回线上的极化饱和点所对应的极化强度

D. 铁电体也能被击穿

39. 下列有关电畴的描述,错误的是(　　)

A. 电畴的大小和形状是各种能量平衡的结果

B. 电畴的存在是引起电滞回线出现的原因之一

C. 电畴的运动仅与畴壁移动有关

D. 自发极化方向相同的小区域称为电畴

40. 下列说法错误的是(　　)

A. 居里点附近会引起电介质各种物理性能的反常

B. 通过掺杂可以改变铁电体的居里点

C. 呈结构高对称性的铁电体,外电场不能使之产生较大的电偶极矩

D. 铁电体极化饱和后恢复到电场为0时所具有的极化强度为剩余极化强度

二、判断题

1. 极性电介质对外显示极性。(　　)
2. 真空平板电容器的电容量只与极板的面积和极板间距离有关。(　　)
3. 由感应电荷产生的电场强度称为退极化场。(　　)
4. 退极化场方向与外加电场方向始终相反。(　　)
5. 电极化率与介电常数所表达的物理意义不同。(　　)
6. 温度越高,取向极化越容易。(　　)
7. 频率很高时,无弛豫极化。(　　)
8. 温度对电子位移极化影响很大。(　　)
9. 电介质放入真空平板电容器后,两极板间的电势差升高。(　　)
10. 非极性物质不可能出现极化状态。(　　)
11. 德拜方程可以描述交变电场中电介质的介电常数的频率响应。(　　)
12. 弱束缚电荷极化引起的能量损耗是电导损耗。(　　)
13. 在极高频率下,只有离子位移极化起作用。(　　)
14. $\tan\delta$ 表示存储电荷要消耗的能量大小。(　　)
15. 在极高频率下,弛豫时间长的极化对总的极化强度没有贡献。(　　)
16. 电介质由于表面吸湿等原因,常引起表面击穿电压升高。(　　)
17. 强电场下,电子间的相互作用产生新的电子,形成“电子潮”,引起电击穿。(　　)
18. 材料内气泡被击穿时产生的热量会引起高的内应力,可能使材料丧失机械强度。(　　)
19. 介电强度是一个电场强度的临界值。(　　)
20. 固体介质与电极接触不好,易引起表面击穿电压上升。(　　)
21. 电致伸缩效应引起的应变大小与外电场方向无关。(　　)
22. 对逆压电材料来说,外电场所引起的应变完全是由逆压电效应造成的。(　　)
23. 热释电体的极化强度既包括电场引起的极化,也包括温度引起的极化。(　　)
24. 热释电性源于电介质的自发极化。(　　)
25. α - 石英既是压电材料也是热释电材料。(　　)
26. 铁电体具有压电效应。(　　)

27. $BaTiO_3$ 属于有序 - 无序型铁电体。(　　)
28. 在外电场诱导下,反铁电相将向顺电相转变。(　　)
29. 使铁电体剩余极化强度恢复到 0 所施加的电场强度是矫顽电场。(　　)
30. 高介电常数材料具有优良的存储电能的能力。(　　)

三、问答题

1. 请说明以下基本物理概念:

束缚电荷、介电常数、极化、电偶极矩、极化强度、极化率、退极化、位移极化、弛豫极化、介质损耗、损耗角正切、介电强度、介质击穿、自发极化、正压电效应、逆压电效应、电致伸缩、热释电效应、铁电效应、电畴、介电反常、反铁电效应、介电常数温度系数。

2. 可用于描述材料介电性能的参数有哪些? 相互间的关系如何?
3. 请写出极化强度可用于表达宏观和微观情况下的两个表达式,并解释其含义。
4. 电介质极化有哪些微观机制? 并对其做简要的说明。
5. 什么是介电常数? 造成铁电体介电反常的原因是什么?
6. 克劳修斯 - 莫索堤方程建立了一种什么关系,有什么作用?
7. 描述介电损耗的物理量是什么? 有何意义? 引起介质损耗的原因有哪些?
8. 请简要描述电介质不同极化机制与频率间的关系。
9. 造成电介质击穿的原因有哪些? 请简要描述其机制。
10. 哪些因素影响电介质击穿强度?
11. 请比较逆压电效应和电致伸缩之间的差别。
12. 请解释热释电效应产生的原因。
13. 具有压电性、热释电性和铁电性材料的差别是什么?
14. 铁电体的主要特征有哪些?
15. 铁电体和反铁电体有什么异同?
16. 什么是自发极化? 为什么压电材料无自发极化现象?
17. 为什么某些压电材料没有热释电效应?
18. 请说明电介质、压电材料、热释电性材料和铁电材料之间的从属关系以及这些材料的特性差异是什么?
19. 请解释铁电材料居里 - 外斯定律表达式中各物理量的含义。
20. 低介电常数材料和高介电常数材料的性能有何特点? 其应用领域如何?
21. 某材料的饱和电极化曲线如图 3.1 所示,请回答如下问题。

(1) 请在坐标中示意性绘出其电滞回线,并标出 P_s、P_r、E_c 参量,同时说明这些参量的含义。

(2) 对该饱和电极化曲线而言,如果把电场强度 E 继续增大,会出现什么情况?

(3) 请指出该类电介质材料属于哪类电介质功能材料,有什么特征?并指出与另外两种电介质功能材料的性能差异,并分析其原因。

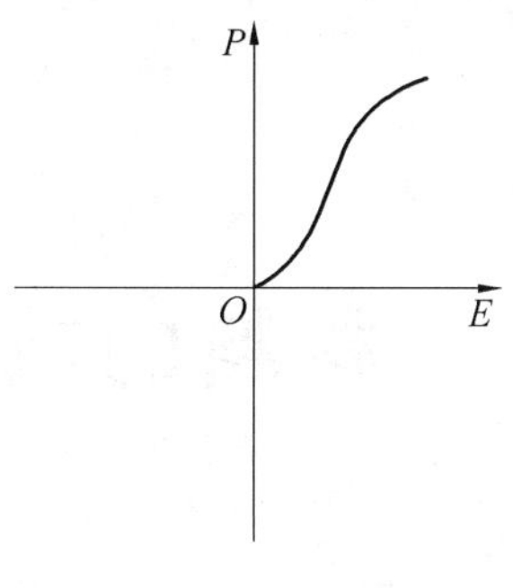

图3.1　21题图

第 4 章　材料的热学性能

一、单项选择题

1. 下列说法错误的是(　　)
   A. 热力学主要是从能量转化的观点来研究物质的热性质
   B. 热力学第一定律又称为能量守恒与转化定律
   C. 热力学第二定律也称为熵增原理
   D. 系统混乱程度越大,系统越稳定,则熵越小
2. 下列说法正确的是(　　)
   A. 定容情况下,系统吸收的热量转变为内能的增加和对外做功
   B. 热力学定律是通过总结物质微观现象得到的热学理论
   C. 在自然过程中,一个孤立系统的总混乱度不会减小
   D. 孤立系统总是由热力学概率大的状态向热力学概率小的状态进行
3. 晶格振动是以(　　)的形式在整个材料内传播
   A. 平面波
   B. 格波
   C. 机械波
   D. 波函数
4. 关于晶格振动,(　　)是正确的:声频模式是________下晶体原胞内原子________运动的振动模式;光频模式是________下晶体原胞内原子________运动的振动模式
   A. 低频;同向;高频;反向
   B. 低频;反向;高频;同向
   C. 高频;同向;低频;反向
   D. 高频;反向;低频;同向
5. 下列有关晶格振动的描述,正确的是(　　)
   A. 晶格振动中,原子间作用力与原子位移成正比
   B. 晶格振动频率和波矢之间的关系称为散色关系
   C. 晶格热振动的理论出发点是量子力学
   D. 晶格振动方程是经过近似的方程
6. 下列有关热容的描述,错误的是(　　)
   A. 凝聚态物质的摩尔定容热容往往低于摩尔定压热容
   B. 摩尔热容的具体描述方式与物质本身所经历的热过程有关
   C. 通过测定物质的热焓可以获得摩尔定压热容
   D. 1 mol 物质温度升高 1 K 所需的热量称为摩尔热容

7. 关于经典热容理论,(　　)是正确的:经典热容理论将晶态固体中的原子看成是彼此________地做热振动,认为原子振动的能量是________的,近似地看作和气体分子的热运动相类似

A. 孤立;连续

B. 孤立;不连续

C. 联合;连续

D. 联合;不连续

8. 下列有关固体量子热容理论的描述,错误的是(　　)

A. 振子在不同能级的分布服从玻耳兹曼能量分布规律

B. 振子受热激发所占的能级是连续的

C. 很难根据量子理论精确计算得到物质的热容

D. 晶体的热容反映晶体受热后激发出的格波与温度的关系

9. 关于爱因斯坦热容理论假设,(　　)是正确的:爱因斯坦热容理论认为晶体点阵中的原子做________振动,振动能量是________的,且所有原子振动频率________

A. 相关;连续化;各不相同

B. 相关;量子化;都相同

C. 独立;量子化;都相同

D. 独立;连续化;各不相同

10. 下列关于德拜热容理论的描述,正确的是(　　)

A. 忽略了晶体中点阵间的相互作用,仅考虑原子振动的频率范围

B. 考虑了晶体中点阵间的相互作用,并认为原子振动的频率相同

C. 忽略了晶体中点阵间的相互作用,并认为原子振动的频率相同

D. 考虑了晶体中点阵间的相互作用及原子振动的频率范围

11. 德拜热容理论认为,在第 Ⅱ 区的较宽温区,晶体热容与温度满足(　　)定律

A. 一次方

B. 二次方

C. 三次方

D. 五次方

12. 下列有关德拜温度的说法,错误的是(　　)

A. 固体的熔点越高,德拜温度越高

B. 德拜温度是固体本身的固有参数

C. 德拜温度的高低能表示原子间结合力的大小

D. 林德曼公式给出了熔点与德拜温度的关系

13. 下列现象中,不属于一级相变的是(　　)

A. 凝固

B. 共晶转变

C. 有序 - 无序转变

D. 同素异构转变

14. 下列有关金属的热容的描述,错误的是(　　)

A. 金属的热容需要考虑自由电子对热容的贡献

B. 极低温下,金属的热容主要由自由电子贡献

C. 一般温区,自由电子对热容的贡献通常可以忽略

D. 高温下,金属的热容仅需要考虑晶格热振动对热容的贡献

15. 下列有关无机材料的热容的描述,错误的是(　　)

A. 无机材料的热容在低温区差别不大

B. 无机材料热容与温度的关系更符合德拜模型

C. 无机材料的热容在高温区更符合奈曼 - 考普定律

D. 无机材料的热容均具有类似的经验公式

16. 下列关于热膨胀系数的描述,错误的是(　　)

A. 热膨胀系数实际上描述的是单位温度变化引起的线应变或体应变的大小

B. 热膨胀系数的数量级通常为 10^{-6}

C. 体膨胀系数是线膨胀系数的 3 倍

D. 材料的热膨胀系数会随温度变化而变化

17. 固体材料的热膨胀本质源于原子的(　　)

A. 简谐振动

B. 非简谐振动

C. 机械振动

D. 弹性振动

18. 用于解释热膨胀的双原子模型认为,质点的振幅中心(　　)

A. 位置不确定

B. 位于平衡位置

C. 位于平衡位置左侧

D. 位于平衡位置右侧

19. 利用双原子势能模型解释热膨胀时,势能函数展开为泰勒级数后,忽略了(　　)以上的项

A. x 一次方

B. x 二次方

C. x 三次方

D. x 四次方

20. 下列说法正确的是(　　)

A. 格律乃森定律认为,热膨胀系数与摩尔定容热容有相似的温度依赖关系

B. 材料的熔点越高,热膨胀系数越高

C. 由碱金属主族元素构成的材料,随周期数增加,其热膨胀系数降低

D. 一般纯金属由温度 0 K 加热到熔点,其线膨胀量约为 6 %

21. 纯铁在加热过程中,(　　)

A. α 相转变为 γ 相后,膨胀量增加

B. γ 相转变为 δ 相后,膨胀量减小

C. 还会发生纯铁从顺磁性向铁磁性的转变

D. 点阵结构重排,引起线膨胀系数发生不连续变化

22. 下列有关材料热膨胀的描述,错误的是(　　)

A. 一般来说,弹性模量较高的方向具有较小的热膨胀系数

B. 多相复合材料内存在的微裂纹会增强材料的热膨胀量

C. 对各向同性材料而言,晶体的体膨胀系数约为线膨胀系数的3倍

D. 一般而言,无限固溶体的线膨胀系数与溶质含量间呈线性关系

23. 下列有关铁磁合金的热膨胀的描述,错误的是(　　)

A. 铁磁性合金的热膨胀曲线随温度变化具有明显的反常现象

B. 铁磁合金的热膨胀反常与材料的磁致伸缩有关

C. 具有负磁致伸缩效应的铁磁金属,随温度升高引起热膨胀的正反常

D. 可把在一定温度范围内膨胀系数基本不变的Fe－Ni合金称为因瓦合金

24. 热膨胀系数、熔点和德拜温度间的关系为(　　)

A. 热膨胀系数越大,熔点越高,德拜温度越低

B. 热膨胀系数越小,熔点越高,德拜温度越低

C. 热膨胀系数越小,熔点越高,德拜温度越高

D. 热膨胀系数越大,熔点越低,德拜温度越高

25. 下列有关材料热膨胀的描述,正确的是(　　)

A. 平衡位置左右两侧,合力随原子间距呈对称变化

B. 有序结构会使合金原子间的结合增强,导致膨胀系数变小

C. 合力为引力时,合力曲线随原子间距变化更快

D. 具有正磁致伸缩效应的铁磁金属,随温度升高引起热膨胀的正反常

26. 热导率是在________中,________之间的正比例系数,反映了材料的导热能力(　　)

A. 稳态温度场;热流密度与温度梯度

B. 稳态温度场;热流与温度梯度

C. 非稳态温度场;热流密度与温度梯度

D. 非稳态温度场;热流与温度梯度

27. 热扩散系数是有关(　　)的物理量,标志温度变化的速度

A. 热量传导变化

B. 温度变化

C. 热量传导变化和温度变化

D. 温度梯度

28. 固体内参与导热的微观粒子不包括(　　)

A. 分子

B. 电子

C. 声子

D. 光子

29. 下列有关材料导热的描述,错误的是(　　)

A. 纯金属的电子导热是主要机制

B. 合金中的声子导热作用增强

C. 半导体中存在声子导热和电子导热

D. 绝缘体中只存在声子导热

30. 辐射热导率与温度的(　　)成正比
A. 一次方
B. 二次方
C. 三次方
D. 四次方
31. 下列有关维德曼 - 弗朗兹定律的描述,错误的是(　　)
A. 维德曼 - 弗朗兹定律认为,导电性好的材料导热性也好
B. 洛伦兹数是常数
C. 维德曼 - 弗朗兹定律在高温下成立
D. 维德曼 - 弗朗兹定律在极低温下成立
32. 下列有关金属热导率随温度变化的描述,错误的是(　　)
A. 在低温下,缺陷对电子运动的阻挡起主要作用,此时洛伦兹数是常数
B. 在高温下,声子对电子运动的阻挡起主要作用,此时洛伦兹数是常数
C. 在低温下,热导率与温度近似呈一次方正比关系
D. 在高温下,热导率与温度近似呈二次方关系
33. 下列对晶体与非晶体热导率随温度变化关系的描述,错误的是(　　)
A. 非晶体热导率在低温时比晶体小
B. 非晶体热导率没有峰值
C. 晶体和非晶体热导率在高温时接近
D. 非晶体高温下不存在光子导热
34. 下列说法中,不是引起热导率降低的原因是(　　)
A. 无机材料中存在大量气孔
B. 溶质元素溶入后形成有序结构
C. 溶质元素溶入构成连续无序固溶体
D. 晶粒细小
35. 下列有关温度对无机材料热导率影响的分析,错误的是(　　)
A. 在声子传导占主导的低温下,热导率主要受热容的影响,近似与温度呈三次方关系
B. 当温度升高时,平均自由程的减小将逐渐成为影响热导率变化的主要因素
C. 温度进一步升高,平均自由程最低可降到晶粒大小的尺度
D. 高温下,光子传导逐渐占主导,热导率开始增加
36. 下列有关热电性的描述,错误的是(　　)
A. 塞贝克效应是在金属组成的回路中,由温差引起电动势的现象
B. 珀耳帖热与回路中的电流方向有关
C. 珀耳帖效应是热电制冷的理论依据
D. 汤姆孙效应是塞贝克效应的逆过程
37. 珀耳帖效应产生的原因主要与(　　)有关
A. 导体之间的接触电势差
B. 电子逸出功
C. 导体之间费米能级的差异
D. 导体不同部位产生不同密度的自由电子

38. 汤姆孙效应产生的原因主要与(　　)有关
A. 导体之间的接触电势差
B. 电子逸出功
C. 导体之间费米能级的差异
D. 导体不同部位产生不同密度的自由电子
39. 下列有关热电性的描述,正确的是(　　)
A. 三种热电效应在导体构成的回路中会同时出现
B. 珀耳帖效应认为电偶回路中有温差存在时会产生电动势
C. 汤姆孙效应是不可逆的
D. 金属的电子逸出功越高,电子从金属表面逸出越容易
40. 下列说法错误的是(　　)
A. 中间导体定律和中间温度定律保证了热电偶实际应用的合理性
B. 金属材料热电效应最重要的应用是制成测温用热电偶
C. 若在热电回路中串联的均匀导体两端无温度差,则串联导体对热电势无影响
D. 不同种均匀导体构成热电回路所形成的总热电势,不仅取决于不同材料接触处温度,也与各材料内的温度分布有关

二、判断题

1. 电磁波能量的量子化单元是声子。(　　)
2. 某一时刻,在确定的频率和波矢下,晶体中每个原子的位移已经确定。(　　)
3. 晶格热振动引起材料宏观上的各种热性能。(　　)
4. 定压情况下,系统吸收的热量全部转变为系统的内能。(　　)
5. 晶体内各质点热运动时的动能总和是该晶体的热量。(　　)
6. 根据经典热容理论,所有固体物质的热容都近似等于25 J/(mol·K)。(　　)
7. 摩尔定容热容往往是实验值。(　　)
8. 材料的热容在相变点附近会发生突变。(　　)
9. 爱因斯坦热容理论和德拜热容理论都是近似的量子热容理论。(　　)
10. 爱因斯坦热容理论得到的热容值比实验值更高。(　　)
11. 电子热容与温度呈三次方关系。(　　)
12. 奈曼－考普定律可用来预估合金的热容。(　　)
13. 多相复合材料给出的热容关系指的是摩尔热容。(　　)
14. 二级相变的相转变过程是在一个温区内逐步完成的。(　　)
15. 熔点和德拜温度都可以反映原子间结合力的大小。(　　)
16. 各向异性材料体膨胀系数约为三个方向线膨胀系数之和。(　　)
17. 材料的热膨胀系数与材料的热稳定性无关。(　　)
18. 固体材料的体积会随温度升高而增大。(　　)
19. 热膨胀系数实际为长度温度系数或体积温度系数。(　　)
20. 热膨胀系数也可以表示原子间结合力的大小。(　　)
21. 金属的热导率往往存在最小值。(　　)
22. 完全不透明的介质,辐射传热不可忽略。(　　)

23. 根据传热学知识,黑体辐射能量与温度呈三次方关系。(　　)
24. 导温系数的单位是 $m^2 \cdot s$。(　　)
25. 通常可借助理想气体的热导率公式,近似描述固体材料的导热机制。(　　)
26. 热阻率可以分为基本热阻率和残余热阻率。(　　)
27. 非晶体的平均自由程几乎在所有温度范围内近似为常数。(　　)
28. 合金的热导率较纯金属低是考虑了光子导热的原因。(　　)
29. 金属材料高温下的热导率趋于常数。(　　)
30. 在电子导热中,电子的平均自由程是影响电子热导率的主要因素。(　　)
31. 导体的热电现象又称为温差电现象。(　　)
32. 导体中的接触电势差大小与温度无关。(　　)
33. 电子从高费米能级导体向低费米能级导体运动时,电子能量升高。(　　)
34. 金属中的塞贝克效应主要应用于温差热电偶。(　　)
35. 存在温度梯度的导体内,外加电流与温差电势差反向时,导体温度升高并放出热量。(　　)

三、问答题

1. 请说明以下基本物理概念:

热力学第一定律、热力学第二定律、格波、声子、光子、声频支、光频支、摩尔定压热容、摩尔定容热容、德拜温度、奈曼 - 考普定律、线热膨胀系数、体膨胀系数、简谐振动、非简谐振动、傅里叶定律、热导率、热扩散系数、热阻率、维德曼 - 弗朗兹定律、洛伦兹数、塞贝克效应、珀耳帖效应、汤姆孙效应、电子逸出功、中间温度定律、中间导体定律、热电优值。

2. 请指出材料热性能的物理本质,并简要说明声频支和光频支的理论差异。
3. 请简述杜隆 - 珀替理论、爱因斯坦热容理论和德拜热容理论之间的理论差异。
4. 如何理解摩尔定容热容和摩尔定压热容所反映的不同热容情况?
5. 金属、无机材料、化合物热容随温度的变化关系如何?
6. 一般情况下,热膨胀系数与热容、熔点、德拜温度之间有何关系?
7. 请用双原子模型解释热膨胀的物理本质。
8. 请解释出现膨胀反常的原因。
9. 请分析负热膨胀现象产生的可能原因。
10. 简述热传导的微观机理。
11. 金属产生电阻的根本原因是什么? 请指出温度、压应力及溶质原子(形成无序固溶体)如何影响金属的导电性。
12. 为什么合金的热导率通常比纯金属的热导率低?
13. 什么是维德曼 - 弗朗兹定律? 该定律在哪些情况下成立?
14. 金属热导率随温度变化关系是什么? 并请解释原因。
15. 无机非金属材料热导率随温度变化关系是什么? 并请解释原因。
16. 请绘出无机非金属材料晶体与非晶体热导率随温度变化的关系曲线,并请分析两者热导率的差异和原因。
17. 请写出三种热电效应,并分别描述其宏观物理现象。
18. 请简述三种热电效应产生的原因。

19. 请阐明差热分析(DTA) 的原理。

20. 请阐明差示扫描量热分析(DSC) 的原理。

21. 请列举几种热分析方法在材料研究中的应用情况。

22. 共析碳钢的热膨胀实验曲线如图 4. 1 所示,请回答以下几个问题。

(1) 共析碳钢发生如图所示热膨胀现象的主要原因是什么?

(2) 请用两种方法指出图中相变临界点的位置,并请在图中绘出。

(3) 由热膨胀曲线判断材料相变属于哪类相变,并说明材料的热容如何变化,请示意性地绘出相变温度附近热容和热膨胀系数随温度的变化曲线。

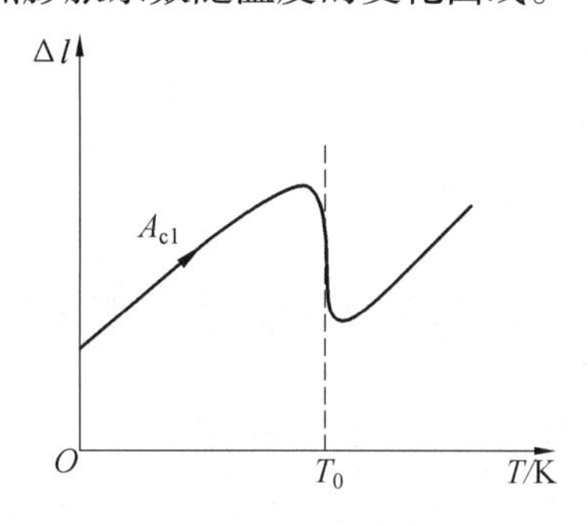

图 4. 1　22 题图

23. 某材料的热膨胀曲线如图 4. 2 所示,请根据此图回答以下问题。

(1) 请指出该曲线在温度 $T_1 \sim T_2$ 之间出现下降的可能原因,并在图中示意性绘出热膨胀系数随温度的变化关系。

(2) 请在图中示意性绘出此材料弹性模量随温度的变化关系,并解释其原因。

(3) 为什么材料会受热膨胀,请从两个角度解释其机理。

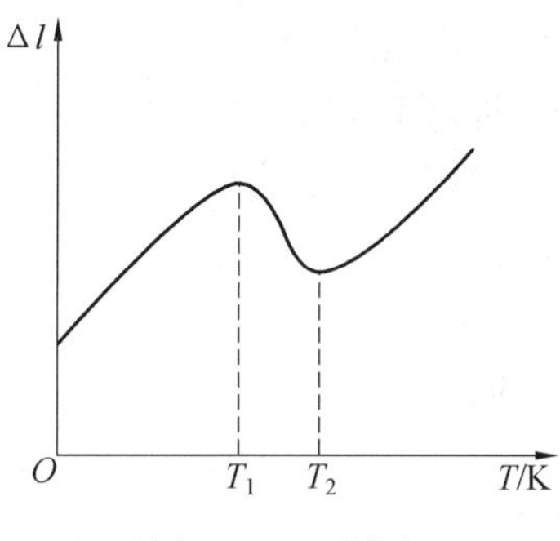

图 4. 2　23 题图

第5章　材料的光学性能

一、单项选择题

1. 下列说法正确的是(　　)
   A. 电磁波就是光
   B. 折射率是一个同时反映光的电场和磁场作用的物理量
   C. 光的传播速度是常数
   D. 实际考虑光波时,往往只考虑磁场的作用
2. 光与固体作用往往产生(　　)
   A. 电子极化
   B. 电子磁化
   C. 电子能态转变
   D. 电子极化和电子能态转变
3. 下列有关折射率的描述,错误的是(　　)
   A. 折射率越小,光在介质中传播速度也越小
   B. 折射率随介电常数的增大而增大
   C. 一般来说,材料越致密,折射率越高
   D. 折射率的大小可以反映材料极化能力的大小
4. 下列(　　)的折射率较低
   A. 沿垂直拉应力方向
   B. 沿晶体密堆积程度的方向
   C. 高温时存在晶型
   D. 介质材料的离子半径增大
5. 当光(　　),可以发生光的全反射
   A. 从光密介质进入光疏介质时
   B. 从光疏介质进入光密介质时
   C. 从光密介质进入光疏介质,入射角大于临界角 θ_c 时
   D. 从光疏介质进入光密介质,入射角等于临界角 θ_c 时
6. 下列关于光的吸收的描述,错误的是(　　)
   A. 光的吸收是材料中微观粒子与光相互作用过程中表现出的能量交换过程
   B. 吸收率与材料的厚度无关
   C. 朗伯特定律适用于所有的电磁辐射和所有的吸光物质
   D. 朗伯特定律表明,光强度随传播距离呈指数式衰减

7. 发生光吸收时,(　　)不是光与物体的能量交换方式
A. 价电子吸收光子发生跃迁
B. 激发态电子从高能级回到低能级过程中释放的能量
C. 光能使原子振动加强
D. 价电子在跃迁中还与其他分子发生碰撞,以热能的形式消耗
8. 电介质在红外光区和紫外光区发生的光吸收原因分别对应的是(　　)
A. 电子跃迁和振动跃迁
B. 振动跃迁和电子跃迁
C. 转动跃迁和振动跃迁
D. 电子跃迁和转动跃迁
9. 在不考虑散射的情况下,下列有关材料透光性的描述,错误的是(　　)
A. 金属导带上的电子容易吸收可见光光子,因此金属对可见光不透明
B. 任何物质只对特定波长范围表现为透明
C. 大多数无机电介质在可见光区不透明
D. 半导体对可见光选择性吸收的结果是带色透明
10. 下列有关光的色散的描述,错误的是(　　)
A. 光色散的本质是光的折射
B. 材料的折射率随入光频率减小而减小的性质就是色散
C. 介质在不同波长下具有不同的折射率
D. 不同材料、同一波长,折射率越大则色散率越小
11. (　　)不属于弹性散射
A. 瑞利散射
B. 拉曼散射
C. 丁达尔散射
D. 米氏散射
12. 下列有关光的散射描述,正确的是(　　)
A. 弹性散射前后光的频率不变
B. 一般来说,介质的折射率越大,色散越严重,阿贝数越大
C. 非弹性散射强度通常比弹性散射强度大几个数量级
D. 出现在瑞利线低频一侧的散射线统称为反斯托克斯线
13. 下列有关光的弹性散射的描述,错误的是(　　)
A. 胶体化学中利用丁达尔现象可以判断溶胶和真溶液
B. 弹性散射光强度受波长和散射中心尺度的影响
C. 弹性散射可看成光子和散射中心的弹性碰撞
D. 米氏散射产生的散射与光的波长有关
14. (　　)不是影响材料透光性的主要因素
A. 色散系数
B. 散射系数
C. 吸收系数
D. 反射系数

15. 电子吸收光子的能量后,所释放的方式不包括(　　)
   A. 回到原能级,释放同级光子
   B. 多级转移,释放多个低频光子
   C. 释放声子和光子
   D. 电子极化
16. 下列(　　)与热辐射无关
   A. 平衡辐射
   B. 辐射体的温度
   C. 辐射体的发射本领
   D. 电激励
17. 下列(　　)不是冷发光的形式
   A. 光致发光
   B. 阴极射线致发光
   C. 通电加热
   D. 固态照明
18. 下列关于发光的物理机制的描述,错误的是(　　)
   A. 物体的发光分为分立中心发光与复合发光两种
   B. 半导体发光二极管发光机制是分立中心发光
   C. 电子被激发后,与空穴通过特定中心复合后发生复合发光
   D. 分立发光中心通常是掺杂在透明基质材料中的离子
19. (　　)不是光的发射和吸收的基本过程
   A. 无辐射跃迁
   B. 受激吸收
   C. 受激辐射
   D. 自发辐射
20. (　　)不是激光器的主要组成
   A. 激活介质
   B. 激励能源
   C. 光学谐振腔
   D. 发射器
21. (　　)不能对光的放大起作用
   A. 自发辐射概率更高
   B. 实现粒子数反转
   C. 使高能级粒子数多于低能级粒子数
   D. 受激辐射占主导
22. 下列有关受激辐射的描述,正确的是(　　)
   A. 受激辐射中,各个原子的跃迁都是随机的,所产生的光子量子态都不相同
   B. 受激辐射过程中,原子从高能态跃迁到低能态,伴随着发射一个光子
   C. 受激辐射是产生激光的必要条件之一
   D. 受激辐射是固体吸收一个光子的过程

23. (　　) 产生共振荧光

A. 发射光子能量小于激发光子能量

B. 发射光子能量等于激发光子能量

C. 发射光子能量大于激发光子能量

D. 激发的能量转变为热能

24. 受激吸收是固体(　　)

A. 吸收一个光子的过程

B. 释放一个光子的过程

C. 释放两个光子的过程

D. 粒子降低能量的过程

25. 荧光是(　　)

A. 当激发的电子从导带回到价带时,首先会进入杂质能级并被捕获的光

B. 退激发后停止一段时间才发出的光

C. 一旦停止入射光的照射,发光现象不会消失的光

D. 退激发后在短时间内发出的光

二、判断题

1. 光通过均匀介质不会引起双折射现象。(　　)

2. 外加应力不会改变物质的折射率。(　　)

3. 光的入射线和折射线一定分别位于法线的两端。(　　)

4. 通常,光通过固体后,入射光能会降低。(　　)

5. 光与物质发生作用会引起电子云和原子核电荷重心发生相对位移。(　　)

6. 通常把发生在光波前进方向上的散射归结于透射。(　　)

7. 金和银在红外光区具有高的反射率。(　　)

8. 可见光禁带宽度范围为1.5 ~ 3.5 eV。(　　)

9. 当散射中心尺寸与入射光波长相当时发生瑞利散射。(　　)

10. 拉曼散射和红外光谱都可以进行物质分子结构的表征。(　　)

11. 布格定律与朗伯特定律描述了相似的光强度随传播距离减弱的规律。(　　)

12. 气孔的存在会提高材料的透光性。(　　)

13. 如果两点间的距离小于0.4 μm,光学显微镜则无法分辨这两点,这就是阿贝极限。(　　)

14. 金属在可见光不透明和电介质在紫外光区不透明的原因都是振动跃迁。(　　)

15. 拉曼散射的斯托克斯过程是发射出的光子发生“红移”。(　　)

16. 荧光和磷光属于光致发光的冷发光现象。(　　)

17. 冷发光是利用热能、化学能、电能、光能等激发的发光形式。(　　)

18. 如果没有实现粒子数反转,受激辐射就不存在。(　　)

19. 发射光子能量如果大于激发光子能量,则发射多频率光子。(　　)

20. 光学谐振腔能确保激光具有良好的定向性和相干性。(　　)

三、问答题

1. 请说明以下基本物理概念：

折射率、双折射现象、全反射、朗伯特定律、布格定律、色散、阿贝极限、弹性散射、非弹性散射、瑞利散射、米氏散射、丁达尔散射、拉曼散射、布里渊散射、热辐射、冷发光、荧光、磷光、余晖时间、分立中心发光、复合发光、受激辐射、激活介质、粒子数反转、电光效应、光弹效应、声光效应、光敏效应。

2. 光与固体发生作用时主要引起哪两方面的变化？

3. 影响折射率的因素有哪些？请简要解释原因。

4. 某透明板厚 5 mm，当光透过该板后，光强度降低了 30%，其吸收系数和散射系数之和等于多少？

5. 请根据金属、非金属的能带结构差异说明材料的透射及影响因素。

6. 请简要写出朗伯特定律的推导过程。

7. 什么是弹性散射和非弹性散射？请指出弹性散射的三种类型及理论差异。

8. 请指出金属不透光的原因。

9. 在光学范畴内，金属、半导体、电介质的透明性有何不同？请进行解释说明。

10. 影响材料透光性的因素是什么？

11. 请简要说明影响陶瓷透明性的因素及原因。

12. 什么是闪烁材料？闪烁材料在吸收高辐射能后会发生哪些物理过程？

13. 热辐射和冷发光有什么差别？

14. 自发辐射和受激辐射有什么不同？

15. 请解释分立中心发光和复合发光的发光物理机制。

16. 请简要说明三能级激光器的工作机理。

17. 请简述激光器的组成。

18. 泡克尔斯效应和克尔效应的理论差异是什么？

19. 布拉格衍射和拉曼 - 奈斯衍射在作用机理上有什么区别？

20. 用能带理论解释在可见光区为什么金属不透光而电介质透光？电介质在红外光区和紫外光区产生吸收现象的原因有什么不同？

21. 请在图 5.1 中示意性绘出金属、半导体和电介质从红外波段到紫外波段范围内光谱吸收峰的位置，并解释这些材料吸收峰位出现差异的原因。

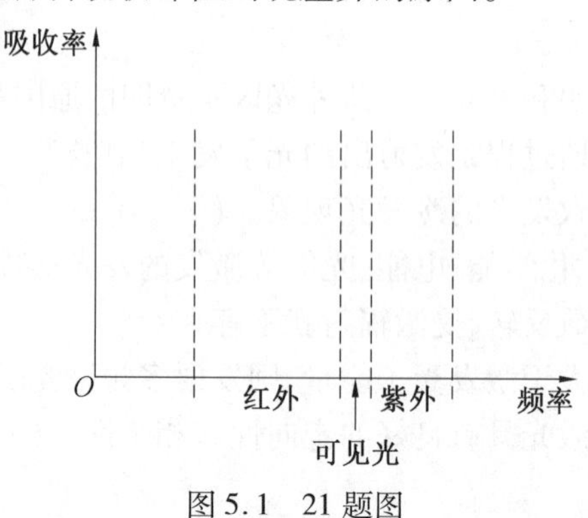

图 5.1　21 题图

第 6 章　材料的磁学性能

一、单项选择题

1. 下列有关磁感应强度的描述，错误的是(　　)
   A. 磁感应强度是一个用来描述磁场强弱和方向的物理量
   B. 磁感应强度的单位是韦伯
   C. 磁感应强度可反映单位面积上磁通量的概念
   D. 磁感应强度的大小可用洛伦兹力来度量
2. 下列磁化强度 M 的关系式，错误的是(　　)
   A. $M = \frac{\sum m}{V}$
   B. $M = \chi H$
   C. $B = \mu M$
   D. $B' = \mu_0 M$
3. 下列有关磁矩的描述，正确的是(　　)
   A. 磁矩是表征物质磁性强弱和方向的基本物理量
   B. 磁矩的单位是 A/m^2
   C. 磁矩的方向符合左手定则
   D. 磁矩不是矢量
4. 磁介质放入磁场中磁化，正确的是(　　)
   A. 磁介质的截面边缘会出现传导电流
   B. 磁介质内的磁矩会发生变化
   C. 磁介质中产生的附加磁感应强度方向与外加磁场方向相反
   D. 磁介质中产生的附加磁感应强度方向与外加磁场方向一致
5. 原子本征磁矩包括(　　)
   A. 原子核磁矩
   B. 电子轨道磁矩
   C. 电子自旋磁矩
   D. 电子自旋磁矩和电子轨道磁矩
6. 下列有关抗磁性的描述，错误的是(　　)
   A. 一切物质都具有抗磁性
   B. 凡是电子壳层被填满了的物质都属于抗磁性物质
   C. 抗磁性的本质是电磁感应定律的反映
   D. 具有抗磁性的物质都是抗磁体

7. 下列有关顺磁性的描述,正确的是(　　)

A. 电子壳层被填满产生顺磁性

B. 抗磁体的磁化率高于顺磁体的磁化率,所以抗磁体中的顺磁性被掩盖

C. 固有磁矩不为零可产生顺磁性

D. 温度对顺磁性的影响较小

8. 下列有关磁感应强度 B 和磁场强度 H 的描述,错误的是(　　)

A. 只有 H 可以表示空间某点的磁场

B. 从安培环路定理的角度来说,B 在空间上包含了传导电流和磁化电流,而 H 是将磁化电流折合之后计算得出的

C. H 是为了数学上求解问题简便而引出的物理量

D. B 是真实存在的物理量,可以利用实验测出

9. 下列有关抗磁性和顺磁性的描述,错误的是(　　)

A. 抗磁性和顺磁性都是弱磁性

B. 抗磁性的本质是电磁感应定律的反映

C. 热运动会影响原子磁矩排列

D. 磁化率与温度的关系可用居里定律来描述

10. 下列有关磁学物理量的描述,正确的是(　　)

A. 磁化率始终大于 0

B. 磁化率建立的是磁感应强度和磁场强度之间的关系

C. 磁导率建立的是磁化强度和磁场强度之间的关系

D. 磁介质内部的磁感应强度可以看成材料分别对自由空间磁场和磁化引起的附加磁场的反映

11. 在磁化曲线上不能获得的磁学参量是(　　)

A. 饱和磁感应强度

B. 矫顽力

C. 饱和磁场强度

D. 最大磁导率

12. 下列有关磁滞回线的描述,错误的是(　　)

A. 磁滞回线上 $H=0$ 处对应 B 或 M 的大小称为剩磁

B. 矫顽力是使材料内部磁矩矢量和重新为 0 所要施加的反向磁场

C. 磁滞回线包围的面积是磁滞损耗

D. 退磁过程中,H 落后于 M 的现象称为磁滞

13. 磁晶各向异性是指沿磁体不同方向,磁化场对磁体磁化过程所做的功________,其大小是饱和磁化曲线在________上的投影面积(　　)

A. 大小相同;磁化强度轴

B. 大小不同;磁化强度轴

C. 大小相同;磁场强度轴

D. 大小不同;磁场强度轴

14. 下列与磁晶各向异性相关的描述,错误的是(　　)
   A. 易磁化方向是磁化到饱和状态所需要的磁场能最大的方向
   B. 晶体场对电子自旋磁矩的影响引起磁晶各向异性
   C. 一般来说,密排六方点阵的对称性差,磁晶各向异性常数大
   D. 磁晶各向异性能是指磁化强度矢量沿不同晶轴方向的能量差
15. 铁磁体在磁场中具有的能量通称为________,包括________和________(　　)
   A. 退磁能;磁场能;静磁能
   B. 磁场能;静磁能;退磁能
   C. 磁场能;静磁能;退磁能
   D. 静磁能;磁场能;退磁能
16. 下列有关铁磁体形状各向异性的描述,错误的是(　　)
   A. 退磁场的大小与磁体形状有关,是引起磁体形状各向异性的原因
   B. 磁体一旦被磁化,就会产生退磁场,出现退磁能
   C. 环状铁磁体比短粗棒状铁磁体更难磁化
   D. 不同形状的铁磁体存在不同的磁化曲线
17. 下列有关磁致伸缩的描述,错误的是(　　)
   A. 磁致伸缩是材料内部各个磁畴形变的宏观表现
   B. 磁致伸缩系数是磁场作用下引起的应变量
   C. 磁致伸缩效应是铁磁体在磁场作用下自身产生的弹性形变现象
   D. 磁致伸缩系数是正值
18. 下列有关磁弹性能的描述,错误的是(　　)
   A. 磁弹性能是磁化的动力
   B. 磁体内部各种缺陷和杂质都可能增加其磁弹性能
   C. 磁致伸缩导致的磁体变形往往容易引起磁弹性能
   D. 磁体磁弹性能的大小与磁化方向和所受应力方向间的夹角有关
19. 由应力引起的应力磁各向异性,________的磁体处于________的作用下,当________时能量最小(　　)
   A. 正磁致伸缩系数;拉应力;$\theta = 0°$
   B. 正磁致伸缩系数;压应力;$\theta = 0°$
   C. 负磁致伸缩系数;压应力;$\theta = 90°$
   D. 负磁致伸缩系数;拉应力;$\theta = 0°$
20. 下列有关磁滞现象的描述,错误的是(　　)
   A. 磁滞损耗是磁体磁化一周所消耗的功
   B. 磁滞现象是铁磁性和亚铁磁性材料的一个重要特征
   C. 顺磁性物质和抗磁性物质也具有磁滞现象
   D. 退磁曲线与磁化曲线不重合
21. 实验表明,磁畴磁矩主要源于(　　)
   A. 电子自旋磁矩
   B. 电子轨道磁矩
   C. 原子核磁矩
   D. 原子磁矩

22. 下列有关自发磁化的描述,错误的是(　　)
    A. 铁磁性材料的磁性是自发产生的
    B. 自发磁化是物质某温度下内部原子磁矩自发有序排列的现象
    C. 铁磁体自发磁化的根源在于原子磁矩
    D. 自发磁化主要作用的是电子轨道磁矩
23. (　　)不是形成铁磁性的条件
    A. 原子中存在没有被电子填满的状态
    B. 固有磁矩为0
    C. 形成晶体时,原子间键合作用是否对形成铁磁体有利
    D. 交换积分大于0
24. 下列有关交换能的描述,正确的是(　　)
    A. 交换能不可以取负值
    B. 当 $A < 0$、$\varphi = 180°$ 时,产生铁磁性
    C. 当 $A > 0$、$\varphi = 0°$ 时,产生反铁磁性
    D. 交换能的作用是使磁矩取向一致
25. 下列有关畴壁的描述,错误的是(　　)
    A. 奈耳畴壁的磁矩,在转动过程中始终平行于畴壁平面
    B. 畴壁是相邻磁畴间的过渡区
    C. 畴壁的出现,必然会引起畴壁能的增加
    D. 畴壁厚度是以能量最小化的结果稳定存在的
26. 下列有关磁特性分类的描述,错误的是(　　)
    A. 磁矩同相平行排列构成铁磁性
    B. 电子轨道运动感应产生抗磁性
    C. 磁矩反平行排列构成反铁磁性
    D. 温度高于居里点使磁矩无序排列形成顺磁性
27. 下列有关磁畴形成过程的描述,错误的是(　　)
    A. 磁畴的形成是各种能量相互制约的结果
    B. 磁体表面形成磁极会出现退磁能
    C. 减少交换能是分畴的动力
    D. 封闭畴降低了退磁能,但提高了磁弹性能和磁晶各向异性能
28. 下列有关磁畴的描述,错误的是(　　)
    A. 磁畴在磁场内的转向是铁磁体容易被磁化的原因
    B. 磁畴是铁磁体自发磁化并处于磁饱和状态的小区域
    C. 畴壁分为布洛赫壁和奈耳畴壁
    D. 畴壁厚度是交换能与磁弹性能平衡的结果
29. (　　)与奈耳点无关
    A. 反铁磁到顺磁的相转变点
    B. 奈耳点附近发生一级相变
    C. 奈耳点附近出现性能反常现象
    D. 奈耳点也称居里点

30. 下列有关交换积分的描述,错误的是(　　)
A. 氢分子不存在静电交换作用
B. 交换积分是决定自旋平行或反平行稳定态的关键因素
C. 交换积分的正负和原子间距离有关
D. 通过掺杂改变点阵常数,可实现非铁磁性转变成铁磁性

31. 下列有关技术磁化的描述,错误的是(　　)
A. 技术磁化实现的两种方式包括畴壁迁移和磁畴旋转
B. 技术磁化过程包括磁化过程和反磁化过程两种方式
C. 外加磁场是畴壁迁移的动力
D. 技术磁化解释了铁磁性的本质

32. 下列有关磁化曲线的描述,正确的是(　　)
A. 磁化至饱和后,继续增加外磁场,磁体磁化强度继续升高
B. 根据磁化过程的特点,磁化曲线基本可以分成3个阶段
C. 在可逆畴壁位移阶段,自发磁化方向与外加磁场呈钝角的磁畴将发生扩张
D. 出现巴克豪森跳跃后减弱磁场,退磁曲线将沿着原来的磁化曲线回退

33. 下列有关技术磁化过程机制的描述,错误的是(　　)
A. 畴壁的迁移通过磁矩方向改变实现
B. 磁畴旋转的结果使 M_s 稳定在原磁化方向和磁场方向间总能量最小的角度上
C. 缺陷和杂质等是技术磁化过程的阻力之一
D. 畴壁从杂质脱离,引起退磁能降低

34. 磁畴旋转是(　　)共同作用的结果
A. 畴壁能和磁晶各向异性能
B. 交换能和磁弹性能
C. 静磁能和磁晶各向异性能
D. 静磁能和磁弹性能

35. 下列(　　)是组织不敏感参数
A. 饱和磁化强度
B. 矫顽力
C. 剩磁
D. 磁导率

36. 下列有关温度对磁性参数影响的描述,错误的是(　　)
A. 温度升高,饱和磁感应强度下降
B. 温度升高使铁磁体磁特征减弱是基本规律
C. 随温度升高磁导率一定下降
D. 温度升高,原子热运动加剧,原子磁矩的无序排列倾向增大

37. 镍具有负磁致伸缩系数,拉应力与磁致伸缩方向________,________磁化过程进行(　　)
A. 相同;促进
B. 相同;阻碍
C. 相反;促进
D. 相反;阻碍

38. 下列有关加工硬化对磁性能影响的描述,正确的是(　　)
   A. 高应力利于退磁
   B. 加工硬化不利于磁化和退磁
   C. 铁磁体热处理后,磁化变难
   D. 晶粒越细小,磁化和退磁越容易
39. 下列有关合金成分及组织结构对铁磁性影响的描述,错误的是(　　)
   A. 有序化后的合金具有更高的磁化特性
   B. 各相都是铁磁相的多相合金中,其饱和磁化强度可由混合定律来决定
   C. 铁磁金属与非金属所组成的化合物往往呈亚铁磁性
   D. Ni 的质量分数为 30% 时的坡莫合金是高磁导软磁材料
40. 下列与磁化状态相关的能量的描述,错误的是(　　)
   A. 自发磁化的结果一定使磁矩同向平行排列
   B. 形成磁极就出现退磁能
   C. 磁晶各向异性能最低的方向就是易磁化方向
   D. 畴壁越多,畴壁能越大
41. 下列有关铁磁体动态特性的描述,错误的是(　　)
   A. 需要考虑磁化的时间效应
   B. 交变磁场的变化落后于磁化状态的变化
   C. 动态特性是铁磁体在交变磁场或脉冲磁场作用下的性能
   D. 稳定磁化状态的建立需要一定的时间才能完成
42. 下列有关交流回线的描述,错误的是(　　)
   A. 若交流幅值磁场强度不同,获得的交流磁滞回线也会不同
   B. 在饱和磁场强度下获得的交流磁滞回线为极限交流磁滞回线
   C. 根据交流磁滞回线可以确定交流情况下的磁学参量
   D. 不同交流磁滞回线顶点相连得到交流磁化曲线
43. 下列关于动态磁滞回线特点的描述,错误的是(　　)
   A. 相同大小的磁场范围内,动态磁滞回线往往比静态磁滞回线包围的面积小
   B. 频率越高,剩磁越接近饱和磁感应强度
   C. 流磁滞回线形状与磁场强度、磁场变化的频率和波形有关
   D. 在一般的实际应用中,弱磁场或高频率交变磁场,常采用椭圆磁滞回线来近似表示铁磁体的动态磁滞回线
44. 下列关于复磁导率的描述,错误的是(　　)
   A. μ' 为弹性磁导率,与磁体中存储能量有关
   B. μ'' 为损耗磁导率,与磁体磁化一周的损耗有关
   C. μ'/μ'' 构成损耗角正切
   D. 复数磁导率的模称为总磁导率或振幅磁导率
45. 下列(　　)不是动态磁化的时间效应
   A. 磁滞
   B. 磁后效
   C. 涡流效应
   D. B 与 H 同步变化

二、判断题

1. 抗磁性是电子轨道运动感应产生的。(　　)
2. 根据磁化强度的大小,可将物质的磁性进行分类。(　　)
3. 洛伦兹力的方向根据右手定则来判定。(　　)
4. 磁化强度的方向由磁体内磁矩矢量和的方向决定。(　　)
5. 根据楞次定律,在外磁场作用下,由于电子轨道运动,会产生与外加磁场方向相同的附加磁矩。(　　)
6. 磁化强度方向与外磁场方向一致时磁体最稳定。(　　)
7. 一般铁磁体的线磁致伸缩系数为 10^{-10} ~ 10^{-8}。(　　)
8. 退磁场越大,磁化功越大,磁体越容易磁化。(　　)
9. 应力磁晶各向异性会阻止磁体的磁化。(　　)
10. 退磁能的大小与磁体的形状有关。(　　)
11. 自发磁化理论解释了铁磁体在磁场中的行为。(　　)
12. 反铁磁性是一种强磁性。(　　)
13. 反铁磁体的宏观特性与顺磁体相似。(　　)
14. 分畴会降低退磁能,但又引起畴壁能增加。(　　)
15. 亚铁磁体在高于居里点处,磁化率随温度的变化关系遵循居里 - 外斯定律。(　　)
16. 组织敏感参数通常和晶粒的大小、形状、分布等有关。(　　)
17. 磁化过程中,与磁场呈锐角的磁畴瞬时转为呈钝角的易磁化方向,产生巴克豪森跳跃。(　　)
18. 磁体内杂质的穿孔作用增加了畴壁能。(　　)
19. 温度升高,剩磁、矫顽力、磁滞损耗等都下降。(　　)
20. Ni 在压应力下,应力越高越利于磁化。(　　)
21. 李希特磁后效是由热起伏引起的。(　　)
22. 起始磁导率往往随着时间的延长而增加。(　　)
23. 在只考虑基波时,动态磁化磁滞损耗就是静态磁化的磁滞损耗。(　　)
24. 通过减少剩磁或矫顽力、提高材料的起始磁导率,可以提高磁滞损耗。(　　)
25. H 落后于 B 的相位角 δ 可以代表材料磁损耗的大小。(　　)

三、问答题

1. 请说明以下基本物理概念:

磁感应强度、磁场强度、磁化率、磁导率、磁化强度、磁矩、抗磁性、顺磁性、反铁磁性、亚铁磁性、铁磁性、居里温度、饱和磁化强度、矫顽力、剩磁、磁化功、易磁化方向、磁晶各向异性能、磁晶各向异性常数、静磁能、磁场能、退磁能、磁致伸缩、磁致伸缩系数、磁弹性能、应力磁各向异性、自发磁化、磁畴、交换积分、交换能、奈耳温度、畴壁能、畴壁、技术磁化、巴克豪森跳跃、交流磁化曲线、最大磁能积、磁损耗因子、铁损、趋肤效应、涡流损耗、磁滞损耗、剩余损耗、磁后效、霍尔效应、磁阻效应、法拉第效应、磁光克尔效应、塞曼效应、磁致线性双折射效应。

2. 给出 B、H、μ、M、χ、μ_r、μ_0 这几个符号的中文物理量名称，并写出这几个物理参量间的关系表达式。

3. 什么是磁滞损耗？磁滞回线包围的面积代表什么含义？请在 $M(B)-H$ 磁滞回线中标出 M_s、B_s、H_C、M_r、B_r 这几个物理量，并给出相应的中文物理量名称。

4. 在500 A/m的磁场中，一块软铁的相对磁导率为2 800。请计算在此磁场强度下该软铁中的磁感应强度。($\mu_0 = 4\pi \times 10^{-7}$ H/m)

5. 磁畴的出现是多种能量因素综合作用的结果，请写出与这些能量有关的因素，并分析磁畴结构产生的主要过程。

6. 铁磁性产生的两个条件是什么？与反铁磁性的差异在哪？

7. 抗磁性和顺磁性的差异是什么？

8. 绘出抗磁体、顺磁体、铁磁体、亚铁磁性材料、反铁磁性材料的磁化曲线，并说明产生这些特性的原因。

9. 什么是居里点和磁致伸缩？

10. 布洛赫畴壁和奈耳畴壁有什么差别？

11. 畴壁能和壁厚间有什么关系？为什么畴壁的能量高于畴内？

12. 解释铁磁性材料的膨胀反常原因。

13. 解释铁磁性材料的技术磁化过程。

14. 请简要说明畴壁迁移和磁畴旋转。

15. 杂质对畴壁移动有哪些作用？请做简要说明。

16. 弹性应力对金属的磁化有什么影响？并请简要分析原因。

17. 动态磁滞回线有哪些特点？

18. 请指出引起铁磁体中能量损耗的几种现象。

19. 请简要解释两种磁后效机制。

20. 请简要说明硬磁材料和软磁材料的磁特性。

21. 图6.1给出了纯铁比热容随温度变化的实验曲线(实线)，虚线为比热容的计算值，770 ℃为纯铁的居里点，请根据此图回答以下问题。

(1) 图6.1中 A_2、A_3、A_4 点处的相变分别属于哪类相变？并指出相变的特点。

(2) 在图6.1中 A_3 和 A_4 相变点附近示意性地绘出弹性模量随温度的变化，并指出原因。

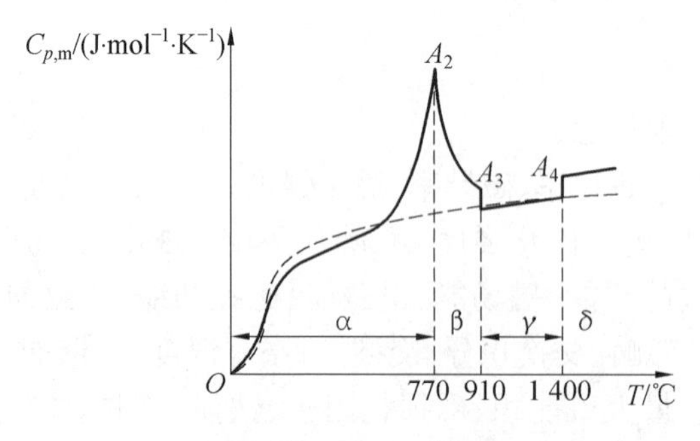

图6.1　21题图

(3) 若该材料属于磁不饱和状态，其弹性模量在低于居里点温度下，与磁饱和状态时的弹性模量相比有何不同，原因是什么？

22. 图6.2中曲线1表示某铁磁性材料热膨胀系数α_l随温度T的变化关系，曲线2表示正常材料的α_l随T的变化关系，T_0是居里点，请回答以下问题。

(1) 请说明造成曲线1偏离正常膨胀的原因。

(2) 什么是居里点？若在此点附近发生二级相变，请在图6.2中示意性绘出T_p附近热容随温度变化曲线，并解释其原因。

(3) 低于T_p时，该材料为什么出现铁磁性特征？并指出形成铁磁性的两个条件。

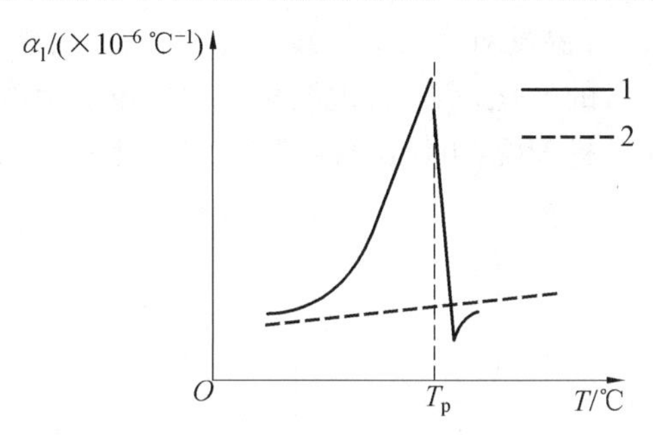

图6.2　22题图

23. 图6.3为铁电(或铁磁)材料极化(或磁化)随外电场(或磁场)变化的回线图，请在图6.3中分别标出铁电(或铁磁材料)主要性能参数，并简要解释其主要含义。

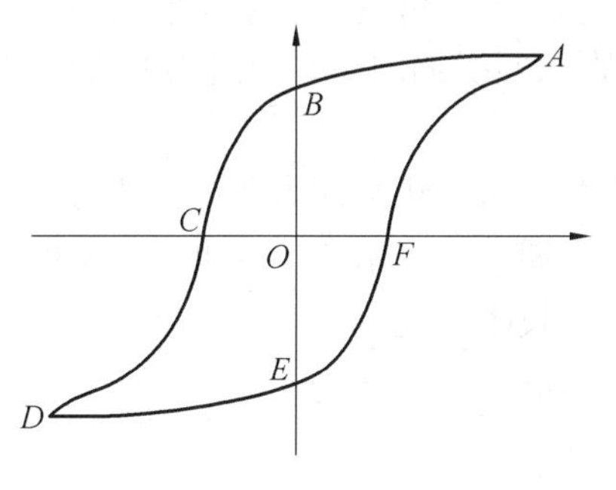

图6.3　23题图

24. 图6.4中实线是铁磁体的磁滞回线，虚线是$\mu-H$的关系曲线，请根据图6.4回答以下问题。

(1) 在图6.4中标出M_s、B_s、H_C、M_r、B_r、μ_m这几个符号的中文物理量名称，并写出相应的关系表达式。

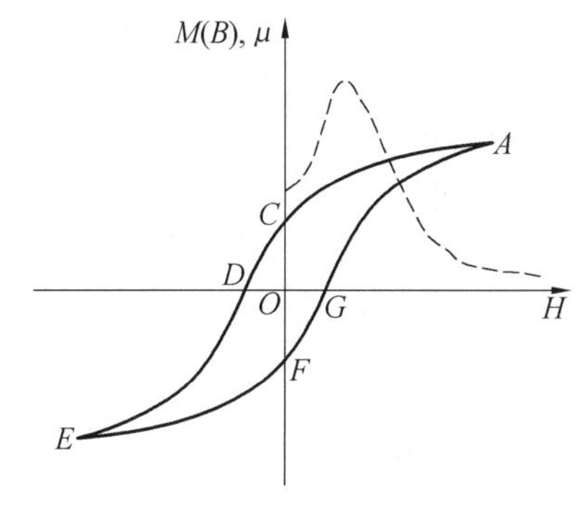

图6.4　24题图

（2）什么是磁滞现象？磁滞回线包围的面积代表什么含义？

（3）给出 B、H、μ、M、χ、μ_r、μ_0 这几个符号的中文物理量名称，并写出相应的关系表达式。

25. 某材料的热膨胀实验曲线如图 6.5 所示，请回答以下几个问题。

（1）由热膨胀曲线判断材料相变属于哪类相变，并说明材料的热容如何变化，请示意性地绘出相变温度附近热容随温度变化曲线。

（2）若该材料为纯铁，T_0 温度对应奥氏体转变温度，请指出材料在 T_0 长度下降的原因，并预测弹性模量在升温阶段的变化，示意性地绘出弹性模量随温度变化曲线。

（3）对实际的铁磁性材料来说，可能出现热膨胀的反常，主要的原因是什么？

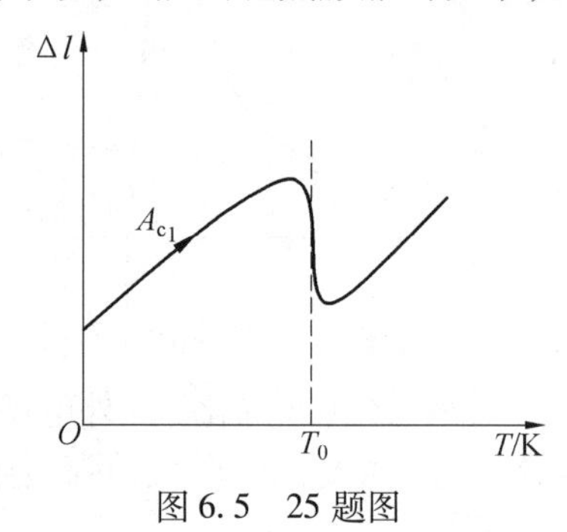

图 6.5　25 题图

26. 某铁磁性合金的热膨胀曲线如图 6.6 中曲线 1 所示，曲线 2 代表一般材料的膨胀曲线，请回答以下几个问题。

（1）引起该材料膨胀曲线 1 偏离正常膨胀曲线 2 的可能原因是什么？

（2）什么是居里温度？在图 6.6 中示意性标出居里温度可能的位置，并说明原因。

（3）请写出铁磁性材料的技术磁化过程。

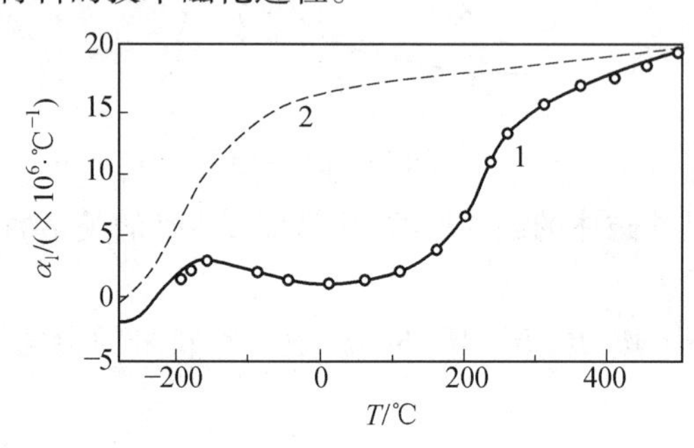

图 6.6　26 题图

27. 某磁性材料的磁化曲线如图 6.7 所示，请回答如下问题。

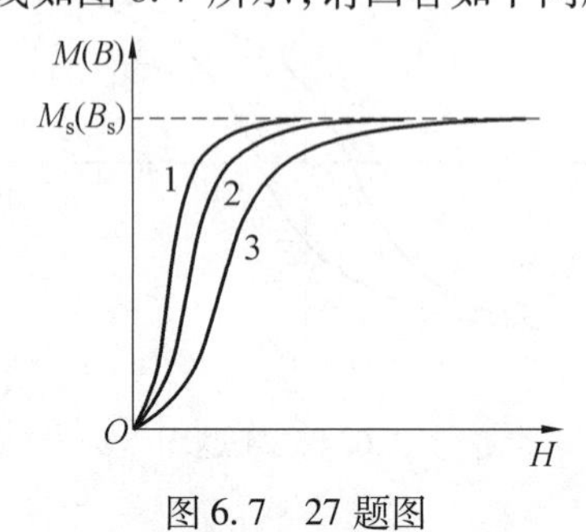

图 6.7　27 题图

（1）请指出该磁性材料具有这种不同磁化曲线的两种可能性，并解释其原因。

（2）针对曲线1～3，在图6.7中示意性绘出其磁导率随磁场强度的变化关系。

（3）请解释铁磁性材料磁畴形成的原因。

28. 图6.8给出了某铁磁性材料热膨胀系数α_l随温度变化的实验曲线（实线），虚线为正常材料的α_l数值，T_p为该材料的居里点，请根据图6.8回答以下问题。

（1）请说明造成曲线1偏离正常膨胀的原因。

（2）什么是居里点T_p？在T_p附近发生什么相变，有何特征？请在图6.8中示意性绘出T_p附近热容随温度变化曲线，并解释其原因。

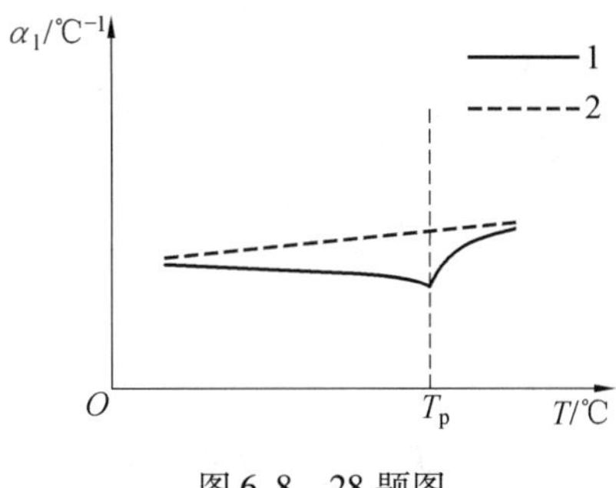

图6.8　28题图

第 7 章　材料的弹性与内耗

一、单项选择题

1. 固体材料的弹性本质源于原子的(　　)。
   A. 简谐振动
   B. 非简谐振动
   C. 机械振动
   D. 弹性振动
2. 用于解释弹性的双原子模型认为,质点的振幅中心(　　)
   A. 位置不确定
   B. 位于平衡位置
   C. 位于平衡位置左侧
   D. 位于平衡位置右侧
3. 利用双原子势能模型解释弹性时,势能函数展开成泰勒级数只保留了(　　)项
   A. x 一次方
   B. x 二次方
   C. x 三次方
   D. x 四次方
4. 下列关于弹性模量的描述,错误的是(　　)
   A. 凡是与原子间结合力有关的物理参量都可能与弹性模量有关
   B. 应力与应变间的正比例关系是简谐近似的结果
   C. 宏观上发生的弹性变形,相当于微观上原子间距离产生可逆变化的结果
   D. 弹性模量越高,热膨胀系数也越大
5. 温度对弹性模量的影响规律是(　　)
   A. 温度越高,原子间相互作用力增强
   B. 温度升高,弹性模量近似呈直线降低
   C. 温度跨过相变点后,弹性模量升高
   D. 弹性模量与温度之间始终为直线关系
6. 下列有关弹性模量温度系数的描述,错误的是(　　)
   A. 通常为负值
   B. 表示弹性模量随温度的变化关系
   C. 弹性模量温度系数越大,表示弹性模量随温度升高而下降的幅度越大
   D. 弹性模量温度系数与线膨胀系数之比近似为常数

7. 下列有关相变对弹性模量影响的描述,正确的是(　　)

A. Ni 在高于居里点的温度下,弹性模量随温度升高而降低

B. 由体心立方变为面心立方,弹性模量降低

C. 磁饱和态的 Ni 具有弹性反常现象

D. 相变后原子间距变小,弹性模量也减小

8. 下列有关固溶体弹性模量的描述,错误的是(　　)

A. 完全互溶情况下,弹性模量随原子浓度呈线性或近线性变化

B. 固溶体内含有过渡族金属则偏离直线关系

C. 溶质与溶剂的价数差越大,弹性模量减小越多

D. 溶剂与溶质原子半径差越大,弹性模量下降得越少

9. 在居里点以下,铁磁体________的弹性模量低于________的弹性模量,出现弹性的铁磁性反常(　　)

A. 饱和磁化后;未磁化时

B. 未磁化时;饱和磁化后

C. 部分磁化时;饱和磁化后

D. 未磁化时;部分磁化后

10. ΔE_{λ} 效应,也称为________,是因为________,引起退磁状态铁磁体出现附加应变(　　)

A. 力致线性伸缩;应力造成磁畴磁矩重新取向

B. 力致体积伸缩;温度造成磁畴磁矩重新取向

C. 力致线性伸缩;温度造成磁畴磁矩重新取向

D. 力致体积伸缩;应力造成磁畴磁矩重新取向

11. 当铁磁体从________时,伴随着体积的反常膨胀,造成弹性模量降低,发生________,称为 ΔE_{A} 效应(　　)

A. 低于居里点升温到高于居里点;自发体积磁致伸缩

B. 高于居里点冷却到低于居里点;自发体积磁致伸缩

C. 低于居里点升温到高于居里点;力致体积磁致伸缩

D. 高于居里点冷却到低于居里点;力致体积磁致伸缩

12. 处于磁饱和状态的因瓦合金,其弹性模量仍随温度的升高而升高,这种弹性模量反常主要是(　　) 的贡献

A. ΔE_{λ} 效应

B. ΔE_{ω} 效应

C. ΔE_{A} 效应

D. ΔE_{ω} 效应和 ΔE_{A} 效应

13. Ni 处于磁饱和状态时,弹性反常基本消失,这说明非磁饱和态 Ni 的弹性模量反常主要是(　　) 的贡献

A. ΔE_{λ} 效应

B. ΔE_{ω} 效应

C. ΔE_{A} 效应

D. ΔE_{ω} 效应和 ΔE_{A} 效应

14. 下列有关 Ni 弹性模量的描述,正确的是(　　)

A. 同一温度下,退磁态弹性模量高于磁饱和态弹性模量

B. 不同磁化状态下,Ni 的弹性模量随温度升高逐渐趋于同一值

C. Ni 的磁化程度越高,相同温度下弹性模量越低

D. 随温度升高引起的顺磁弹性模量 E_p 的增大值由 ΔE 效应随温度的变化来补偿

15. 下列有关艾林瓦效应的描述,错误的是(　　)

A. 弹性模量温度系数接近于 0 或很小的合金称为艾林瓦合金

B. 艾林瓦效应与 ΔE 效应无关

C. 艾林瓦效应是制造恒弹性合金的基础

D. 温度升高引起的晶格点阵常数增大与弹性反常消失共同作用可实现弹性模量恒定

16. (　　)不是理想弹性体的特征

A. 应力与应变同位相

B. 遵守胡克定律

C. 应变落后于应力

D. 单值可逆变形

17. 材料加载的两种极限情况包括加载速度缓慢的________和加载速度极快的________(　　)

A. 均匀加载;绝热加载

B. 等温加载;绝热加载

C. 均匀加载;等温加载

D. 绝热加载;等温加载

18. 恒应力加载下,瞬时应变量将随时间延长________;恒应变加载下,瞬时应力值将随时间延长________(　　)

A. 逐渐增加并趋于恒定值;逐渐增加并趋于恒定值

B. 逐渐降低并趋于恒定值;逐渐增加并趋于恒定值

C. 逐渐增加并趋于恒定值;逐渐降低并趋于恒定值

D. 逐渐降低并趋于恒定值;逐渐降低并趋于恒定值

19. 未弛豫模量 E_u、实际弹性模量 E、弛豫模量 E_R 的大小顺序正确的是(　　)

A. $E_u > E > E_R$

B. $E_u < E < E_R$

C. $E > E_u > E_R$

D. $E > E_R > E_u$

20. 下列(　　)是模量亏损的表达式

A. $\dfrac{\Delta E}{E} = \dfrac{E - E_R}{E}$

B. $\dfrac{\Delta E}{E} = \dfrac{E - E_u}{E}$

C. $\dfrac{\Delta E}{E} = \dfrac{E_R - E}{E}$

D. $\dfrac{\Delta E}{E} = \dfrac{E_u - E}{E}$

21. 下列有关内耗的描述,错误的是(　　)
A. 内耗是材料内部的内耗源在应力作用下行为的本质反映
B. 内耗是分析微观组织结构的重要手段
C. 应变落后于应力引起的弹性滞后并存在内耗
D. 绝热加载也会产生内耗

22. 下列(　　)不是度量内耗的方式
A. 用相位差 δ 表示滞弹性内耗值
B. 振幅对数衰减率表示内耗值
C. 共振频率表示内耗值
D. 振动一周的能量损耗表示内耗值

23. 下列关于复弹性模量的描述,错误的是(　　)
A. 复弹性模量根据标准线性固体力学方程写出
B. 复弹性模量的实部称为弛豫强度
C. 复弹性模量的虚部表示损耗项
D. 内耗是复弹性模量的虚部与实部之比

24. (　　)不是滞弹性内耗的要素
A. 弛豫时间
B. 外加应力
C. 振幅
D. 内耗源

25. 位错内耗强烈地依赖于(　　)
A. 冷加工程度
B. 退火温度
C. 加载速率
D. 几何形状

26. 下列与内耗峰和内耗谱有关的描述,错误的是(　　)
A. 当 $\omega\tau=1$ 时,出现内耗峰
B. 内耗峰对应着材料弛豫过程中某种特定的滞弹性内耗机制
C. 不同加载频率可获得一系列内耗峰,构成内耗谱
D. 弛豫时间与温度无关

27. 下列与应力感生有序的描述,无关的是(　　)
A. 点阵中原子有序排列引起的内耗
B. 位错线脱钉往复运动引起内耗
C. 间隙原子在力的作用下发生扩散引起内耗
D. 绝热加载条件和等温加载条件不会产生内耗

28. 下列关于内耗、动力模量 $\mathrm{Re}(\tilde{E})$ 与 $\omega\tau$ 之间关系的描述,正确的是(　　)
A. 极低频率下物体的动力模量最大
B. 当 $\omega\tau=1$ 时,$\mathrm{Re}(\tilde{E})=\dfrac{E_u-E_R}{2}$
C. 当 $\omega\tau=1$ 时,应力和应变的回线面积最大
D. 超高频率下的 $\mathrm{Re}(\tilde{E})\to E_R$

29. 下列说法错误的是(　　)

A. 根据不同频率测得的内耗 - 温度曲线可求得扩散激活能

B. 弛豫时间与温度之间满足阿伦尼乌斯关系

C. 通过原子扩散的弛豫过程,弛豫时间是材料内部原子调整所需要的时间

D. 利用改变温度获得的内耗谱与不同频率获得的内耗谱具有不同的效果

30. 位错内耗可分为两部分,即(　　)

A. 低振幅下与振幅有关的部分和高振幅下与振幅有关的部分

B. 低振幅下与振幅无关的部分和高振幅下与振幅有关的部分

C. 低振幅下与振幅有关的部分和高振幅下与振幅无关的部分

D. 低振幅下与振幅无关的部分和高振幅下与振幅无关的部分

二、判断题

1. ΔE_λ 效应、ΔE_ω 效应和 ΔE_A 效应统称为弹性因瓦效应。(　　)

2. ΔE_λ 效应引起的附加应变与铁磁体的磁致伸缩系数正负有关。(　　)

3. 弹性应力不可能同时引起 ΔE_λ 效应和 ΔE_ω 效应。(　　)

4. 一般来说,原子半径越大,弹性模量越低。(　　)

5. 弹性模量和德拜温度都可用来表示原子间结合力。(　　)

6. 弹性范围内保持恒应变的非弹性现象称为应变弛豫。(　　)

7. 通常可采用标准线性固体力学模型来描述固体的滞弹性行为。(　　)

8. 应力弛豫过程中,卸载时必须施加反向的瞬间应力,强迫应变回到0。(　　)

9. 未弛豫模量 E_u、弛豫模量 E_R、应力弛豫时间 τ_ε 和应变弛豫时间 τ_σ 之间满足关系:$\frac{E_u}{E_R}=\frac{\tau_\varepsilon}{\tau_\sigma}$。(　　)

10. 具有滞弹性的物体也服从胡克定律。(　　)

11. 对冷加工敏感的内耗通常与位错有关。(　　)

12. 滞弹性内耗的特征是内耗与应力水平或应变振幅无关。(　　)

13. 静滞后内耗与加载速率有关。(　　)

14. 内耗是一种对组织结构不敏感的参数。(　　)

15. 根据内耗谱中频率的位置,可判断材料在应力作用下发生的微观变化。(　　)

三、问答题

1. 请说明以下基本物理概念:

弹性模量、胡克定律、弹性模量温度系数、ΔE 效应(弹性反常)、弹性因瓦效应、艾林瓦效应、滞弹性、循环韧性、应变弛豫、应力弛豫、标准线性固体力学模型、黏弹性、绝热加载、等温加载、弛豫模量(等温弹性模量)、未弛豫模量(绝热弹性模量)、动力弹性模量、模量亏损、内耗、动力模量(动态模量)、内耗谱、滞弹性内耗、应力感生有序。

2. 何谓材料的弹性?弹性模量的物理意义是什么?哪些因素影响材料的弹性模量?

3. 用双原子模型解释弹性的物理本质,并指出该模型解释热膨胀和弹性这两种物理现象时的差异。

4. 请写出用于描述二元系统中弹性模量的混合定律。

5. 什么是金属与合金的弹性反常(ΔE 效应)?

6. 何谓理想弹性体?实际弹性体在弹性范围内存在哪些非弹性现象?什么是材料的内耗现象?

7. 请简要解释弹性加载中的两种极限情况,并说明其对内耗是否有影响。

8. 如何理解弛豫模量和未弛豫模量之间的关系?

9. 请给出分别处于退磁状态和磁饱和状态下的铁磁性材料弹性模量随温度变化的关系,并对其进行解释。

10. 请解释恒弹性合金(如艾林瓦合金)的弹性模量随温度变化较小的原因。

11. 测量弹性模量的静态法和动态法有什么差别?获得的弹性模量数据有何差异?

12. 滞弹性内耗有何特征?为何在 $Q^{-1}-T$ 谱线中会出现 Q^{-1} 峰?

13. 请指出得到内耗谱的两种方法,并做简要说明。

14. 以 $\alpha-Fe$ 为例,说明体心立方结构点阵中间隙原子(如碳原子)的应力感生有序造成内耗的原因。

15. 请简要说明位错钉扎产生内耗的过程。

16. 请简要说明滞弹性内耗与静滞后内耗的特性。

17. 请给出3种物理性能滞后的现象,并解释滞后现象出现的原因。

18. 请给出5个可用来描述原子间结合力的物理量,并给出这些物理量之间的关系。

19. 图7.1为某铁磁性合金弹性模量(E)与温度(T)的变化关系示意图,请回答以下问题。

(1) 在 T_0 以下,请分析造成曲线1和2的 E 随 T 的升高而增加的可能原因。

(2) 考虑不同磁场下 E 与 T 的关系,请指出1和2哪条曲线所处磁场强度高?该合金在什么情况下可能出现如图中虚线3所示 E 随 T 变化关系?

(3) 温度高于 T_0 后造成 E 随 T 变化关系的原因是什么?

(4) 低于 T_0 时,铁磁性产生的原因是什么?并指出形成铁磁性的两个条件。

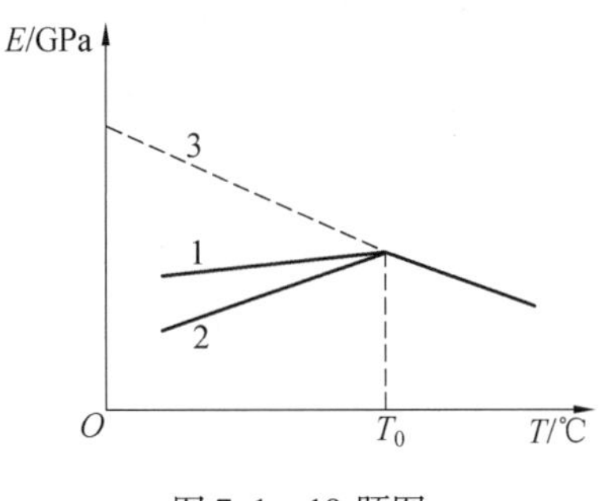

图7.1 19题图

20. 铁磁性材料在退磁态下的弹性模量 E 比饱和磁化状态下的弹性模量低,如图7.2所示,请简要解释其原因。

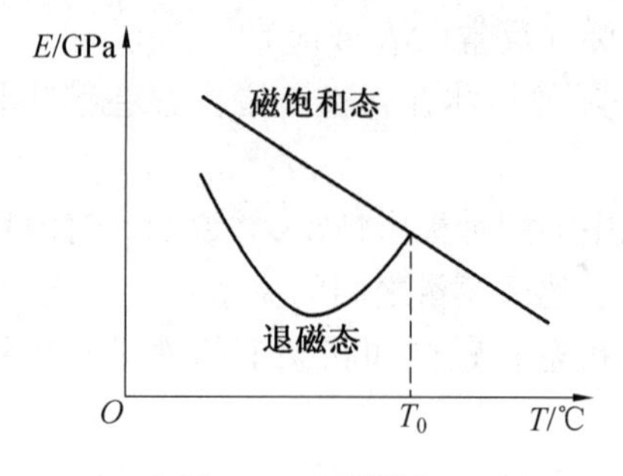

图 7.2　20 题图

21. 图 7.3 为某类固溶体合金电阻率随成分的变化关系,请回答如下问题。

(1) 请简要说明图中两条电阻率曲线出现的可能原因。

(2) 对原子百分数为 50% 组成时的这两种合金,请绘图推断其热膨胀系数 α_l 随温度 T 可能的变化关系,并解释其原因。

(3) 请用双原子模型解释弹性和热膨胀的理论差异。

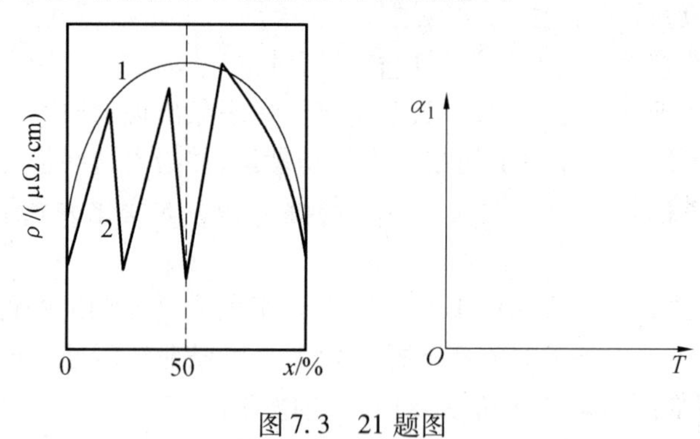

图 7.3　21 题图

第二部分

参考答案及解题分析

第 1 章　材料物理基础知识

一、单项选择题答案

1 ~ 5　ACDBD
6 ~ 10　ABDCB
11 ~ 15　BBDCC
16 ~ 20　ADCBD
21 ~ 25　BDBAC
26 ~ 30　ADBBA

【习题解答与分析】

1.(A) 解答思路:

在量子力学中,波粒二象性特征适用于一切物质。微观粒子的波动性相对于微观粒子而言不可忽略,需用量子力学的理论进行分析。但对于宏观物体而言,由于其波动性可以忽略,因此,适用于经典力学的相关理论。可以说,经典力学是量子力学的成功近似,但这并不代表宏观物体没有波动性。

2.(C) 解答思路:

微观粒子的波动性如果可以忽略,就可以用经典力学的理论进行分析。

3.(D) 解答思路:

通过狭缝的电子衍射实验证明了微观粒子的坐标和动量不能同时具有确定值。从衍射实验现象上看,电子通过狭缝的偏离程度代表动量的不确定性,狭缝间距代表电子通过狭缝的坐标的不确定性。狭缝间距越窄,电子通过狭缝的偏离程度越大。这实际反映了微观粒子的坐标和动量不能同时具有确定值的特征。

4.(B) 解答思路:

从概念上,德布罗意波就是物质波,是一种和实物粒子相联系的波。

5.(D) 解答思路:

波函数用于描述微观粒子的状态,是借助经典理论波动学中波强度的数学表达方式来表示在空间某处找到粒子的概率,这使波函数具有明确的物理意义,因此波函数也是概率波。在整个空间里,粒子在空间各点出现的概率总和为 1,这反映了波函数的归一性。

位置确定性指的是经典力学中质点坐标的描述方式,与波函数无关。

6.(A) 解答思路:

量子力学中的波函数还具有一个独特的性质,即波函数 Ψ 与波函数 $\Psi' = c\Psi$(c 为任意常数) 所描述的是粒子的同一状态。这实际反映了波函数是概率波的含义。

因为粒子在空间各点出现的概率只决定于波函数在空间各点的相对强度，而不决定于强度的绝对大小。如果把波函数在空间各点的振幅同时增大一倍，并不影响粒子在空间各点的概率。所以将波函数乘以一个常数后，所描述的粒子状态并不改变。

7.（B）解答思路：

薛定谔方程反映的是微观粒子的运动规律。波函数表达了微观粒子的状态，代表了微观粒子在某处出现的概率。速度与坐标则是经典力学中对质点运动状态的描述。

8.（D）解答思路：

定态指的是微观粒子运动所在势场的势能不随时间变化，微观粒子的运动状态总会达到一个稳定值，是一种力学性质稳定的状态。定态下的概率密度表明空间各处单位体积中找到粒子的概率不随时间变化，是一个只与位置有关的结果，但定态下的概率密度不一定是常数。

9.（C）解答思路：

不同状态对应同一能级称为能级的简并。能级的简并现象是系统对称性的必然结果。若系统对称性遭到破坏，能级的简并将部分或全部消失。

10.（B）解答思路：

势阱模型中，粒子能量的最低态称为基态。例如，一维势阱中粒子能量最低时，$E = \frac{\hbar^2}{2m}k^2 = \frac{h^2}{8mL^2} \neq 0$，称为零点能。这与经典力学中，能量的最小值是0截然不同。

11.（B）解答思路：

索末菲在讨论自由电子气模型时，提出了三个假设：(1) 金属中的价电子彼此间无相互作用，各自独立地在恒定势场中运动，可采用单电子近似；(2) 把晶体势场用一个处处相等的恒定势场来代替。通常，选择势能零点，使恒定势场为零；(3) 假设电子只能在金属内部运动而不能逸出金属外，这是边界条件给出的依据。

"把原子核和芯电子看成离子实"是德国物理学家德鲁德在金属自由电子气理论中做出的假设，与索末菲假设无关。

12.（B）解答思路：

基于经典理论提出的电子气模型，由于抓住了自由电子是金属性质体现的关键，因此，可以解释很多金属晶体的宏观性质。但经典理论实际并不能正确反映微观粒子的运动规律。

量子自由电子理论认为，自由电子的状态服从费米－狄拉克的量子统计规律。但量子自由电子理论由于没有考虑晶体的周期性势场的作用，因此无法解释导体、绝缘体、半导体的导电性的差异。根据能带理论则可以解释导体、绝缘体、半导体的导电性的差异。

13.（D）解答思路：

以波矢k为横坐标，以能量E为纵坐标，所建立的$E-k$函数关系中，由于k是量子化的，所以E也是量子化的，并且相邻能量E之间的能级间隔非常小，可认为自由电子的能级是准连续分布的。

14.（C）解答思路：

只有在二维k空间中，自由电子的能级密度$Z(E)$是常数。在一维k空间和三维k空间中，自由电子的能级密度$Z(E)$是与能量E有关的函数。

根据量子自由电子理论，经过计算，自由电子的概率密度是常数，表示自由电子在金属内的分布是均匀的。

根据量子自由电子理论，不同的波矢 k 分别对应自由电子的一种波函数和一种能量。由此，可建立 k 空间的概念，即 k 空间上的每一个点都代表一种状态。由于波矢 k 与量子数 n 一一对应，因此，也可以用量子数 n 来代表一种微观粒子的运动状态，量子数 n 实际与 k 空间概念所表达的含义没有实质性的差别。

15. (C) 解答思路：

对于索末菲关于电子不逸出金属的假设，通常可采用玻恩 - 卡曼边界条件，也就是采用周期性边界条件确保自由电子不逸出晶体的要求。从边界条件的形式上看，实际相当于一个有限链首尾相接，起边界条件的作用。玻恩 - 卡曼边界条件并不改变方程的解，只是对解提出了一定条件。

求解薛定谔方程获得波函数通解后，在获得波函数特解的过程中，通过边界条件与归一化条件可获得波函数通解中的所有系数。另外，边界条件还是实现波矢量子化的限定条件。

16. (A) 解答思路：

根据费米分布函数，在 0 K 下，费米能才是电子能否占据能级的分界。或者说，在0 K下，电子所能填充的最高能级是 E_F^0。电子全部占据低于 E_F^0 的能级上，而高于 E_F^0 的能级上没有电子存在。随着温度升高，费米能降低。并且，费米能附近的部分电子获得能量，能跃迁至高于费米能的能级上，跃迁概率满足费米分布函数的要求。

另外，费米面是等能面的概念，也就是能量 E 等于费米能 E_F 时的等能面。

17. (D) 解答思路：

解答思路如 16 题所示。

18. (C) 解答思路：

经过计算，0 K 时自由电子系统内每个电子的平均能量 $\bar{E}_0 = \dfrac{3}{5}E_F^0$。

19. (B) 解答思路：

三维 k 空间中，单位能量间隔范围内能够容纳的自由电子状态数就是能级密度 $Z(E)$，并且 $Z(E) \propto \sqrt{E}$，因此，能量越高，$Z(E)$ 越大。

20. (D) 解答思路：

经过计算，一维、二维、三维 k 空间中，能级密度 $Z(E)$ 与能量 E 间的关系分别对应满足 $Z(E) \propto \dfrac{1}{\sqrt{E}}$、$Z(E) =$ 常数、$Z(E) \propto \sqrt{E}$。

21. (B) 解答思路：

能带理论与量子自由电子理论相比，主要考虑了晶体中存在的周期性势场的影响，这也是构成能带理论近似方法的基础。

22. (D) 解答思路：

布洛赫定理认为，在周期性势场中运动的准自由电子，其波函数必定是按晶格周期函数调幅的平面波。布洛赫定理决定了周期性势场中电子波函数的形式，用函数表达就是，布洛赫波的振幅呈周期性。但是，由于晶体势场 $U(x)$ 的函数表达难以获得，因此仍无法精确求解薛定谔方程。布洛赫定理只能说明，薛定谔方程的解具有周期性特征。

23. (B) 解答思路:

晶体中的电子由于考虑了晶体周期性势场的影响,同时具备自由电子和原子束缚态电子的运动特点,称为准自由电子。

24. (A) 解答思路:

在晶体中运动的电子,当考虑晶体的周期性势场时,就是准自由电子,这些准自由电子同时具备自由电子和原子束缚态电子的运动特点。根据布洛赫定理,准自由电子的波函数是按晶格周期函数调幅的平面波。经计算,布洛赫波的振幅呈周期性,并且晶体中的准自由电子出现的概率是周期性变化的。但要知道这些波函数具体的表达式,仍然非常困难。为了克服这一困难,在能带理论中,需要对晶体的周期性势场进行近似,以确保近似后的薛定谔方程可解。通常,近似的方法有两种,即近自由电子近似和紧束缚近似。

25. (C) 解答思路:

近自由电子近似认为,晶格内的势场起伏小,晶体内的准自由电子近似在一个恒定的势场内运动,仅受到离子实势场的微扰,此时的准自由电子运动能力较强,因此,这一近似适合于价电子比较自由的金属。

在近自由电子近似中,零级近似已经忽略了晶体的周期性势场,此时,量子自由电子理论中有关自由电子的相关结论可以使用。波矢 k 越接近$\frac{n\pi}{a}$,离子实势场的微扰不可忽略,$E-k$ 关系越偏离自由电子的抛物线关系。

26. (A) 解答思路:

一维 k 空间中布里渊区的特点有:每个布里渊区在 k 空间占有的线度都相等,宽度为$\frac{2\pi}{a}$; 每个布里渊区含有 N 个状态;每个布里渊区存在 N 个能级,可以容纳 $2N$ 个电子。

27. (D) 解答思路:

法国物理学家布里渊用倒易点阵矢量的垂直中分平面来划分波矢空间的区域,形成布里渊区。在二维 k 空间中,布里渊区边界垂直平分倒格矢,得到的每个布里渊区面积都相等,并且有可能发生能带之间的交叠,不一定存在禁带。波矢 k 越靠近布里渊区,受点阵周期场的影响越大,等能线外凸,能量 E 的增加率降低。为在二维 k 空间中获得等能线,则只有提高波矢 k 的值才能满足等能增量的要求。

28. (B) 解答思路:

在三维情况下,远离布里渊区边界时,准自由电子的能级密度 $Z(E)$ 随能量 E 的关系曲线与自由电子的 $Z(E)-E$ 关系曲线类似,满足 $Z(E)\propto\sqrt{E}$ 的关系,此时的等能面仍为球面。若接近布里渊区边界,准自由电子的 $Z(E)-E$ 关系曲线将发生偏离。此时,由于等能面将向布里渊区边界凸出,也就是在相同能量间隔范围内,凸出的等能面之间的体积要大于同位置处球面间的体积,将引起单位能量间隔范围内所能容纳的电子状态数增多,即 $Z(E)$ 增加。越接近布里渊区边界,等能面外凸得越厉害,$Z(E)$ 增加得越多。当等能面到达布里渊区边界时,能级密度 $Z(E)$ 达到最大值。之后,E 再继续增加,由于布里渊区边界的限制,在第一布里渊区的等能面出现残缺,只有布里渊区角落部分的能级可以填充。此时,相同能量间隔范围内,等能面之间的体积迅速下降,$Z(E)-E$ 曲线也迅速下降。当等能面布满全部布里渊区时,已经不存在可以填充的能级,$Z(E)$ 为 0。

三维晶体布里渊区为多面体,几何形状复杂。晶体结构不同,布里渊区的形状也不同。同晶体结构内,尽管各布里渊区形状不同,但体积都相同,并且也会出现能带的交叠。

29.(B) 解答思路:

在满带内,由于电子占据全部的能级,如果外加电场不足以破坏电子结构,总的电流为0,即满带内的电子不参与导电。

金属中的导带为未充满能带,在外加电场的驱动下,电子可以向未填满能级移动,实现导电。

根据能带理论,对半导体而言,在0 K下,半导体价带为满带。

绝缘体的能带结构是价电子将价带填满,构成满带;空带和满带间存在非常宽的禁带,使绝缘体满带顶端的电子很难获得高于禁带的能量,跃迁至空带,因此,绝缘体内不会出现电子的移动,也就不会导电。

30.(A) 解答思路:

紧束缚近似认为,电子运动到某个离子实附近,受到该离子实势场的强烈束缚,其他离子实对该电子的作用很小,可以看成微扰。由于在离子实附近,晶体内电子的行为与孤立原子中的电子相似,因此,该近似方法更加适用于绝缘体及过渡金属。

当N个原子相互靠近形成晶格时,经紧束缚近似,N个相同的能级将分裂形成具有一定能量差的多个能级;并且,随着原子间距离的接近,外层电子的波函数先发生交叠,因此能级的分裂首先从外层电子开始。芯电子的能级只有在原子非常接近时,才开始分裂。

二、判断题答案

1 ~ 5　对对错错对

6 ~ 10　错对错对对

11 ~ 15　对错对错错

16 ~ 20　错对对错错

21 ~ 25　对错错对错

26 ~ 30　对错对对错

【习题解答与分析】

3.(错) 解答思路:

当微观粒子的波动性可以忽略时,就可以用经典力学理论来处理相关问题。

4.(错) 解答思路:

物质波是德布罗意波。这是法国物理学家德布罗意基于量子理论提出的,一切微观粒子具有波粒二象性要求的概念。这一概念,与经典理论中针对实际物质的波动学理论截然不同。

6.(错) 解答思路:

海森堡测不准原理也可用于宏观粒子。只是对宏观粒子而言,若不确定关系施加的限制可以忽略时,可以利用经典理论来进行研究;反之,则只能用量子理论来处理问题。可以说,海森堡测不准原理在一定程度上限制了经典力学的适用范围。

8.(错) 解答思路:

物质波是德布罗意波,也是概率波,体现的是波函数在空间中某点的强度和在该点找到粒子的概率成比例这一波函数的统计解释。

12.(错) 解答思路:

由于晶体内存在电子的运动、离子的振动、电子与电子间的作用、电子与离子间的作用、离子与离子间的作用等,因此该体系是一个复杂的多粒子体系。

14.（错）解答思路：

求解薛定谔方程获得波函数通解后，根据边界条件，可实现自由电子波函数的量子化。

15.（错）解答思路：

自由电子 $E-k$ 之间的函数关系中，由于 k 是量子化的，所以 E 也是量子化的。但相邻能量 E 之间的能级间隔非常小，因此自由电子的能级是准连续分布的。也就是说，自由电子的 $E-k$ 关系具有抛物线外形的准连续分布特征。

16.（错）解答思路：

只有在 0 K 下，自由电子填充的最高能级才是费米能。

19.（错）解答思路：

费米能随着温度升高而降低。

20.（错）解答思路：

根据量子自由电子理论的计算结果，0 K 下，自由电子的平均能量为费米能的 3/5，此时自由电子仍具有相当大的动能。

22.（错）解答思路：

考虑晶体周期性势场后形成的能带理论，才能解释导体、半导体和绝缘体的差异。

23.（错）解答思路：

周期性势场中电子的能量取值在 $k=\dfrac{n\pi}{a}$ 处出现禁带。

25.（错）解答思路：

由于二价金属存在能带的交叠，使费米能级上不存在禁带，从而具有导电性。

27.（错）解答思路：

二维 k 空间构成的第一布里渊区内，越接近布里渊区边界，等能线越向外凸，即越接近布里渊区边界，能量增加越缓慢。因此，位于距原点相同距离位置上越接近布里渊区边界的状态点，实际的能量越低。

30.（错）解答思路：

根据紧束缚近似的结果，构成晶体时，原子之间越靠近，外层电子能级越先分裂。

三、问答题解答与分析

1. 解答思路：

（1）波粒二象性：微观粒子的状态和运动规律同时具有波动性和粒子性的特征，是区别于宏观物体运动规律的根本原因。一切微观粒子都具有波粒二象性。

（2）德布罗意关系：德布罗意关系建立了微观粒子的粒子性与波动性之间的关系，即 $E=h\nu=\hbar\omega, p=\dfrac{h}{\lambda}=\hbar k$。

（3）位置与动量的不确定性：由于微观粒子具有波粒二象性，微观粒子的位置和动量不可能同时具有确定的数值，即微观粒子位置测得越精确，则其动量测定得越不精确，反之亦然。

（4）海森堡测不准原理：一个微观粒子的位置和动量不可能同时具有确定的数值，并且位置的不确定范围和动量的不确定范围的乘积大于或等于 $\dfrac{\hbar}{2}$。

(5) 波函数:量子力学中,微观体系的状态用波函数来描述。波函数在空间中某一点的强度和在该点找到粒子的概率成正比。

(6) 德布罗意波(物质波):德布罗意假设认为一切微观粒子都具有波粒二象性,进而把实物粒子的波动性和粒子性联系起来,把这种和实物粒子相联系的波称为德布罗意波,又称为物质波。

(7) 波函数的统计解释:波函数在空间中某点的强度和在该点找到粒子的概率成比例。

(8) 概率密度:粒子在单位体积中出现的概率,代表粒子在时空中的概率密度分布。

(9) 波函数归一化条件:在整个空间里,粒子在空间各点出现的概率总和为1。

(10) 薛定谔方程:薛定谔方程用来描述微观粒子运动状态随时间变化的规律,其在量子力学中的地位相当于牛顿定律在经典力学中的地位。

(11) 定态:指微观粒子运动所在势场的势能不随时间变化,微观粒子的运动状态总会达到一个稳定值。

(12) 定态薛定谔方程:只存在代表位置分量部分的薛定谔方程,方程中的能量是与时间和坐标都无关的常数,而势能则是只与位置有关的函数,也与时间无关。

(13) 定态波函数:处于定态下的波函数可直接将时间分量与坐标分量进行分离,通常把位置分量的函数称为振幅波函数或振幅函数,甚至直接称为定态波函数,此时往往不必考虑时间因子。

(14) 微观粒子的状态:就是微观粒子的波函数。

(15) 微观粒子的状态方程:就是微观粒子的薛定谔方程。

(16) 势阱模型:微观粒子的运动被限制在指定的空间范围内,在指定空间范围以外存在不可跨越的势垒,这相当于把微观粒子限制在一个势阱内运动。

(17) 简并:不同的量子数组成不同波函数对应同一能级,称为能级的简并。

(18) 微观粒子状态描述的方法:是如何进行微观粒子的状态与能量分析的方法,即从薛定谔方程开始,求解得到波函数,并根据边界条件和归一化条件获得波函数的特解,依据波函数具有的量子特性,进行微观粒子的能量分析。

(19) 玻恩－卡曼边界条件:也称为周期性边界条件。晶体内每个晶格相对应位置上的微观粒子运动状态相同,确保了微观粒子没有逸出晶体的要求。

(20) 索末菲假设:索末菲假设认为,价电子之间没有相互作用,即单电子问题。把晶体势场用一个处处相等的恒定势场来代替,即势能零点。电子只能在金属内部运动,不能逸出金属外,满足玻恩－卡曼边界条件。

(21) k空间:波矢(k_x, k_y, k_z)可表示电子的状态,以(k_x, k_y, k_z)建立坐标系,该坐标系就是k空间。k空间坐标上的每个点表示电子的一种状态。

(22) 费米能:是材料的固有属性,是热力学温度0 K时电子填充的最高能级。此温度下,全部电子均占据费米能级以下能级。

(23) 费米分布:表征具有能量为E的状态被电子占有的概率。

(24) 能级密度:单位能量间隔范围内所能容纳的电子状态数。

(25) 布洛赫定理:在周期性势场中运动的电子,其波函数必定是按晶格周期函数调幅的平面波。

(26) 原子束缚态电子:在构成晶体之前,孤立原子中的电子,只受原子核的束缚绕核运动,该电子称为原子束缚态电子。

(27) 电子共有化运动:孤立原子彼此靠近构成晶体时,一个原子的电子会受到相邻原子核的作用转移到相邻原子中,从而可以在整个晶体中运动。

(28) 准自由电子:在晶体内运动的电子称为准自由电子,准自由电子的运动状态同时具备自由电子和原子束缚态电子的运动特点。

(29) 布里渊区:能量不连续的点把 k 空间分成许多区域,称为布里渊区,这些能量不连续的点构成布里渊区的边界。

(30) 能级分裂:原子相互靠近构成晶体时,根据紧束缚近似的计算结果,相同能级上电子的能量将发生变化,引起能量差异,出现能级分裂。

2. 解答思路:

(1) 德布罗意关系建立了微观粒子的粒子性与波动性之间的关系,即

$$E = h\nu = \hbar\omega$$

$$p = \frac{h}{\lambda} = \hbar k$$

(2) 能量与波矢间的关系为

$$E = \frac{p^2}{2m} = \frac{\hbar^2}{2m}k^2$$

3. 解答思路:

海森堡测不准原理的表达式为

$$\Delta\delta \cdot \Delta p \geqslant \frac{\hbar}{2}$$

海森堡测不准原理表明:一个微观粒子的位置和动量不可能同时具有确定的数值。测不准原理在一定程度上限制了经典力学的适用范围。当不确定关系施加的限制可以忽略时,则可以用经典理论来研究粒子的运动;当不确定关系施加的限制不可以忽略时,只能用量子理论来处理问题。

4. 解答思路:

(1) 费米能是材料的固有属性,在热力学温度 0 K 时,费米能是电子填充的最高能级。此温度下,全部电子均占据费米能级以下的能级。

(2) 温度升高,费米能降低。

(3) 0 K 时电子填充最高能级;大于 0 K 时,能量等于 E_F 的状态被电子占有的概率和不占有的概率相等。

5. 解答思路:

在热平衡时,电子处在能量为 E 状态的概率用费米 - 狄拉克分布函数描述,即

$$f(E) = \frac{1}{\exp\left(\frac{E - E_F}{k_B T}\right) + 1}$$

费米 - 狄拉克分布函数用于表征具有能量为 E 的状态被电子占有的概率。

6. 解答思路：

(1) 当 $k=\pm\frac{n\pi}{a}$ 时，能量出现不连续。能量不连续的点把 k 空间分成许多区域，这些区域称为布里渊区，这些能量不连续的点构成布里渊区的边界。

(2) 当 $k=\pm\frac{n\pi}{a}$ 的电子波进入晶体时，满足布拉格反射条件，电子波完全被反射，也就是电子波不能在固体内传播，不存在相应波长的能量，因而形成能隙，产生禁带。

7. 解答思路：

量子自由电子理论是把量子力学的理论引入对金属电子状态的认识。由于该理论考虑了微观粒子的波粒二象性，因而比经典自由电子理论能更正确地反映微观质点的运动规律。

8. 解答思路：

(1) 金属的导电性源于导带导电。因为电子在导带上属于半充满或未充满状态，导带上的电子很容易吸收电场能量向高能级运动，因而导电。

(2) 半导体的能带结构具有特殊性。在0 K时，半导体的价带全部填满，更高能带则是空带。价带与空带间存在宽度较小的禁带。温度升高，价带顶部的电子吸收热能后，很容易跨过禁带进入空带底部，使半导体具有一定的导电能力。但由于可运动的电子数量少，所以导电性差。

(3) 绝缘体的禁带宽度很宽。在电场中，这样的高能隙使绝缘体满带顶端的电子很难获得高于禁带宽度的能量，跃迁至空带。因此，绝缘体内不会出现电子的移动，也就不会导电。

9. 解答思路：

近自由电子近似认为，晶格内的势场起伏小，电子近似在一个恒定的势场内运动，仅受到离子实势场的微扰，从而引起在布里渊区边界处的能级跳跃。这一近似适合于价电子比较自由的金属，比如碱金属、金、银、铜等最外层电子。对于绝缘体及过渡金属，原子间距较大或处于原子内层，晶格周期势场变化剧烈，则采用紧束缚近似。紧束缚近似认为，电子运动到某个离子实附近，受到该离子实势场的强烈束缚，其他离子实对该电子的作用很小，可以看成微扰。这样，在离子实附近，晶体内电子的行为与孤立原子中的电子相似。

10. 解答思路：

(1) 由表示电子状态的波矢 k 构成的空间称为 k 空间，k 空间内的每一个点对应着微观粒子的一种状态和能量。在 k 空间内从原点以某一长度为半径作一球面，所有落在球面上的点都具有相同的能量，这个球面称为等能面。单位能量间隔范围内所能容纳的电子状态数称为能级密度。

(2) 从薛定谔方程得到波函数通解后，根据边界条件会发现波矢 k 实现了量子化，根据德布罗意关系，一个波矢 k 对应一个能量 E，所以微观粒子的能量会出现量子化。

11. 解答思路：

在三维情况下，远离布里渊区边界时，准自由电子的能级密度与自由电子的能级密度变化类似。若接近布里渊区边界，由于等能面将向布里渊区边界凸出，也就是在相同能量间隔范围内，凸出的等能面之间的体积大于同位置处球面间的体积，将引起单位能量间隔范围内所能容纳的电子状态数增多，因此，准自由电子的能级密度曲线将偏离自由电子的能级密度曲线向上翻。越接近布里渊区边界,等能面外凸得越厉害,能级密度增加得越多。当等能面到达布里渊区边界时,能级密度达到最大值。之后,随着能量继续增加,由于布里渊区边界的限制,在第一布里渊区的等能面出现残缺,只有布里渊区角落部分的能级可以填充。此时,相同能量间隔范围内,等能面之间的体积迅速下降,能级密度曲线也迅速下降。当等能面布满全部布里渊区时,已经不存在可以填充的能级,能级密度为0。

12. 解答思路:

(1) 满带:能级中各能级都被电子填充。

(2) 导带:被电子部分填充的能带,在外电场的作用下可形成电流。

(3) 价带:价电子能级分裂后形成的能带。

(4) 空带:所有能级均被电子填充的能带。

(5) 禁带:在能带之间的能量间隙区,电子不能填充。

13. 解答思路:

对于整个满带来说,因为所有的量子态都被填充,外电场作用下,电子不能跨越禁带进入导带,因此总的电流为0,不导电。导带中存在大量未被填满的能级,电子获得电场的能量极易向高能方向移动,因而导电。

14. 解答思路:

(1)$f(E)$ 在0 K、T_1 和 T_2($T_1 < T_2$) 时的能量分布如解答图1.1所示。$f(E)$ 为费米分布函数,表征具有能量为 E 的状态被电子占有的概率。

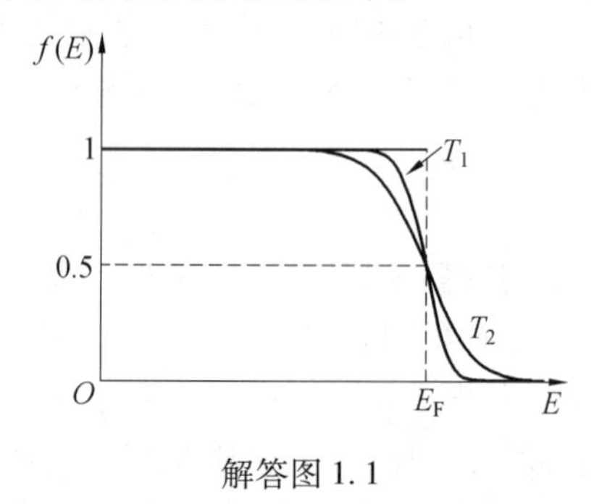

解答图 1.1

(2) 费米能表示0 K时材料中电子具有的最高能级。

(3) 能带理论与量子自由电子理论的理论基础差异在于,前者考虑了晶体原子的周期性势场对电子运动的影响。

15. 解答思路:

(1) 将 k 放入坐标中,以 (k_x, k_y, k_z) 表示电子的状态,称为 k 空间或波矢空间。k 空间中的确定点代表电子的一种能量状态。能量不连续的点把 k 空间分成许多区域,这些区域称为布里渊区,这些能量不连续的点构成布里渊区的边界。0 K 时,k 空间内最有意义的球面为费米面,此时,费米球面以内的状态都被电子占有,球外没有电子。所以,此时费米面是电子占有态和未占有态的分界面。

(2) 能量高低:$C > B > A$。因为相同的能量变化,越靠近布里渊区,波矢 k 变化越快。波矢靠近布里渊区,受点阵周期场的影响大,等能线向外凸。

禁带出现的原因:当$k = \dfrac{n\pi}{a}$的电子波进入晶体,波长 $\lambda = \dfrac{2\pi}{k} = \dfrac{2a}{n}$。此时,满足正入射 $\theta = 90°$ 下的布拉格反射条件 $2a\sin\theta = n\lambda$。这相当于产生了加强的反射波,各原子散射波叠加

起来，会形成反射强度与入射波强度相同的反射波，$k=\frac{n\pi}{a}$的电子波完全被反射，不能在固体内传播，也不存在相应波长的能量，所以形成能隙，产生禁带。

16. 解答思路：

在k空间中，每一个代表点表示电子所允许的一种能量状态。代表点均匀分布在k空间中，沿三个坐标轴方向相邻的两个代表点之间的距离均为$\frac{2\pi}{L}$。每个代表点在k空间中的体积满足$\left(\frac{2\pi}{L}\right)^3$。从原点到代表点之间，所有距离相等的代表点都具有相同的能量。如果以原点为球心，以某一长度为半径作一球面，所有落在此球面上的代表点，均具有相同的能量，该球面称为等能面。

17. 解答思路：

(1) 能级密度是指单位能量间隔范围内所能容纳的电子状态数。

(2) 推导过程如下：

① 一维情况：

在一维k空间中，k到$k+\mathrm{d}k$的两个等能点之间的长度为$\mathrm{d}k$。该长度内包含的代表点的数量为$\frac{L}{2\pi}\mathrm{d}k$；每个代表点可以容纳自旋相反的两个电子，则该长度下可容纳的电子状态数目为$\mathrm{d}N=2\cdot\frac{L}{2\pi}\mathrm{d}k$。将$k$与$E$之间的关系代入并化简可得

$$\mathrm{d}N=2\cdot\frac{L}{2\pi}\mathrm{d}k=\frac{L}{\pi}\cdot\frac{\sqrt{2m}}{2\hbar}\cdot\frac{1}{\sqrt{E}}\mathrm{d}E=\frac{C}{\sqrt{E}}\mathrm{d}E$$

由此可得能级密度满足

$$Z(E)=\frac{\mathrm{d}N}{\mathrm{d}E}=\frac{C}{\sqrt{E}}$$

② 二维情况：

在二维k空间中，半径为k到$k+\mathrm{d}k$的两个等能线之间围成的圆环面积为$2\pi k\mathrm{d}k$。圆环面积内包含的代表点的数量为$\left(\frac{L}{2\pi}\right)^2\cdot 2\pi k\mathrm{d}k$；同样每个代表点可以容纳自旋相反的两个电子，则该面积内可容纳的电子状态数目为$\mathrm{d}N=2\cdot\left(\frac{L}{2\pi}\right)^2\cdot 2\pi k\mathrm{d}k$；将$k$与$E$之间的关系代入并化简可得

$$\mathrm{d}N=2\cdot\left(\frac{L}{2\pi}\right)^2\cdot 2\pi k\mathrm{d}k=\frac{mL^2}{2\pi\hbar^2}\mathrm{d}E=C\mathrm{d}E$$

由此可得能级密度满足

$$Z(E)=\frac{\mathrm{d}N}{\mathrm{d}E}=C$$

③ 三维情况：

在三维k空间中，半径为k到$k+\mathrm{d}k$的两个等能面之间的球壳层对应的能量为E到$E+\mathrm{d}E$。该球壳层的体积为$4\pi k^2\mathrm{d}k$，该体积内包含的代表点的数量满足$\frac{V}{(2\pi)^3}\cdot 4\pi k^2\mathrm{d}k$。每个代表点可以容纳自旋相反的两个电子，则该壳层内可容纳的电子状态数目$\mathrm{d}N$为

$$\mathrm{d}N = 2 \cdot \frac{V}{(2\pi)^3} \cdot 4\pi k^2 \mathrm{d}k$$

对波矢 k 与能量 E 之间的关系 $k = \frac{\sqrt{2mE}}{\hbar}$ 两侧求导,代入上式并整理可得

$$\mathrm{d}N = \frac{V}{2\pi^2}\left(\frac{2m}{\hbar^2}\right)^{\frac{3}{2}} E^{\frac{1}{2}} \mathrm{d}E = 4\pi V\left(\frac{2m}{h^2}\right)^{\frac{3}{2}} E^{\frac{1}{2}} \mathrm{d}E = CE^{\frac{1}{2}} \mathrm{d}E$$

由此可得能级密度满足

$$Z(E) = \frac{\mathrm{d}N}{\mathrm{d}E} = CE^{\frac{1}{2}}$$

第 2 章　材料的导电性能

一、单项选择题答案

1 ~ 5　DBCDD

6 ~ 10　BCABC

11 ~ 15　ADCBC

16 ~ 20　ADAAC

21 ~ 23　ABD

【习题解答与分析】

1.(D) 解答思路:

电阻不但与材料本身性能有关,而且与材料的形状有关。电阻率是一个只与材料本身性能有关的物理量。

2.(B) 解答思路:

电阻率的表达式为:$\rho = R\dfrac{S}{L}$。

3.(C) 解答思路:

根据迁移率的概念,表示载流子在单位电场中的迁移速度。选项 A 和选项 B 都表示迁移速度,选项 D 则是电流密度的概念。

4.(D) 解答思路:

三种导电理论的不同,源于实际考虑的参与导电的电子数、电子质量和弛豫时间(或散射系数)的不同。选项 D 中,缺少了参与导电的电子数这一条。

5.(D) 解答思路:

经典自由电子理论认为,金属的电阻来源于自由电子之间及自由电子与正离子之间的碰撞。选项 A、B、C 表述不完全。

6.(B) 解答思路:

量子自由电子理论认为金属中参与导电的电子是费米面附近的电子,而不是金属中的全部自由电子。满带和导带则是能带理论中的概念。

7.(C) 解答思路:

根据能带理论,金属的导电性主要源于导带上电子的定向移动,满带不导电。选项 A 与经典自由电子理论有关,选项 B 则与量子自由电子理论有关。

8.(A) 解答思路:

金属中的载流子主要是电子,电子在晶格内运动受到的散射是金属电阻产生的主要来源。

9. (B) 解答思路:

温度较高时,晶格振动加剧,金属中的电子在运动时,主要受到声子散射的影响。金属通常不考虑光子的作用。低温下,晶格振动很小,此时电子在运动时主要受到其他电子散射的影响。

10. (C) 解答思路:

根据马西森定律,金属的电阻率包括与温度无关的残余电阻率和与温度有关的基本电阻率,其中,基本电阻率与温度成一次方关系。有些金属在某一温度下电阻会突变为0,出现超导现象。

11. (A) 解答思路:

压应力越大,晶格排列整齐度越高,晶格畸变减弱,电子运动中受到的散射越少,因此电阻率升高,电阻压应力系数为负值。

12. (D) 解答思路:

冷加工的结果是出现大量缺陷,缺陷会引起电子运动的散射增强,电阻率增加。晶粒细小,相当于晶界增多,也是引起电子运动散射增强的因素,电阻率增加。退火处理可降低缺陷密度,或者出现新的晶粒,也就是可消除变形时引起的晶格畸变和缺陷,使电阻回复到冷加工前金属的电阻值。

13. (C) 解答思路:

溶入溶质原子往往引起晶格畸变,使电阻率升高;材料变薄引起尺寸效应,增加界面对电子的散射作用,使电阻率升高;冷变形会引起大量缺陷,也使电阻率升高。有序化处理后使晶体点阵的规律性加强,从而减少电子的散射,往往造成电阻率降低。

14. (B) 解答思路:

形成一个缺陷所需要的能量是离解能。离子克服晶格势垒,到达相邻原子的间隙位置所需的能量为迁移能。离子扩散时克服势垒阻碍所需的能量是扩散激活能。

15. (C) 解答思路:

电导活化能包括缺陷形成能和迁移能,其中缺陷形成能即离解能。

16. (A) 解答思路:

本征导电在高温条件下形成。高温下,本征半导体发生本征激发,本征激发的载流子可实现导电。

17. (D) 解答思路:

自由电子是电子类载流子导电的载流子。

18. (A) 解答思路:

对离子类载流子导电而言,温度越高,离子的活性越强,离子扩散越容易,因此电导率越高,电阻率越低。

19. (A) 解答思路:

n 型半导体的施主能级一般位于接近导带的下方。

20. (C) 解答思路:

低温时,p 型半导体的费米能位于价带顶部附近,随着温度的升高,逐渐向禁带中央变化。

21.(A) 解答思路:

温度升高,晶格振动加剧,对电子和空穴的移动造成阻碍,其迁移率随温度升高而降低。本征半导体的载流子数目随温度升高而增加,温度越高,电导率越大。金属的导电性主要源于晶格振动对电子运动的阻碍,温度越高,晶格振动越强,电子运动阻碍越大,电阻率越高。

22.(B) 解答思路:

低温下,杂质没有完全电离,随着温度的升高,杂质电离提供的载流子数目不断增加,使电导率增加,称为杂质区。

23.(D) 解答思路:

当n型半导体和p型半导体接触时,由于两者的费米能级不相等,电子将从费米能高的n区向费米能低的p区流动,空穴则从p区流向n区。随着接触的发展,n型半导体的费米能不断下降,而p型半导体的费米能则不断上升,直至两者相等,形成pn结统一的费米能。

二、判断题答案

1 ~ 5　对错错错对

6 ~ 10　对错对对错

11 ~ 15　对错错错对

16 ~ 20　错错对对对

21 ~ 25　对对错对错

【习题解答与分析】

2.(错) 解答思路:

离子型导体的载流子为离子。

3.(错) 解答思路:

表征载流子种类对导电贡献的参量是迁移数。

4.(错) 解答思路:

电导率的单位是S/m。

7.(错) 解答思路:

变形量越大,金属内缺陷越多,其电阻率越高。

10.(错) 解答思路:

一般来说,点缺陷引起的剩余电阻率变化比线缺陷的影响大。

12.(错) 解答思路:

低温时用电阻法研究金属冷加工更为合适。

13.(错) 解答思路:

不同缺陷类型对电阻率影响程度不同。大量的实验结果表明,点缺陷所引起的剩余电阻率变化远比线缺陷的影响大。

14.(错) 解答思路:

量子自由电子理论中的自由电子指的是费米面附近实际参与导电的有效电子,而能带理论中,实际参与导电的有效电子为考虑晶体周期性势场后的电子。因此,这两种理论下的电子平均自由程是不同的。

16.（错）解答思路：

参与杂质导电的杂质往往是晶格中结合较弱的离子。

17.（错）解答思路：

熔点越高的离子晶体，表示离子间的结合力越强，离子越难离开其晶格位置形成缺陷，因此，离子电导率越低。

23.（错）解答思路：

当温度升高，本征激发占主导后，半导体的费米能才位于禁带中央。

25.（错）解答思路：

温度升高，n 型半导体施主能级上的电子吸收热能跃迁至导带底部，因此，导带底部的电子多。

三、问答题解答与分析

1. 解答思路：

（1）迁移数：也称输运数，是用某载流子提供的电导率与总电导率之比表征材料导电载流子种类对导电的贡献。

（2）迁移率：载流子在单位电场中的迁移速度。

（3）有效质量：在能带理论中，考虑晶体点阵对电场作用后给出的概念。引进有效质量的意义在于，它概括了晶体内部势场的作用，使得解决晶体中电子在外力作用下的运动规律时，可以不涉及晶体内部势场的作用。

（4）电阻温度系数：反映电阻率随温度变化快慢的物理量。电阻温度系数越大，表示单位温度变化下，电阻率变化越快。

（5）电阻压应力系数：反映电阻率随压应力变化快慢的物理量。压应力越大，电阻率下降越多，因此电阻压应力系数为负值。

（6）电阻各向异性系数：用于表示电阻率在垂直或平行于晶轴方向的数值差异，即垂直特定晶向的电阻率与平行特定晶向的电阻率之比。

（7）离解能：形成一个离子缺陷所需的能量。

（8）电导活化能：包括缺陷形成能和迁移能，反映离子导电过程中需要克服的能量。电导活化能越高，离子导电越难。

（9）扩散激活能：离子扩散时克服势垒阻碍所需的能量。

（10）本征激发：温度高于 0 K 时，本征半导体中的电子从价带激发到导带，同时价带中产生相应的空穴，这就是本征激发。

（11）电离能：表示施主杂质（或受主杂质）激发一个电子（或空穴）所需要的最小能量。

（12）迈斯纳效应：超导体从一般状态相变至超导态的过程中对磁场的排斥现象。

（13）约瑟夫森效应：电子对能够以隧道效应穿过绝缘层，在势垒两边电压为零的情况下，将产生直流超导电流，而在势垒两边有一定电压时，还会产生特定频率的交流超导电流，这就是约瑟夫森效应。

（14）超导的三个指标：包括临界温度 T_C、临界磁场强度 H_C、临界电流 I_C（或临界电流密度 J_C）。

（15）库珀电子对：在超导临界温度以下，晶格振动为媒介的间接作用使电子之间产生某种吸引力，克服库仑排斥，导致自由电子形成库珀电子对。在很低的温度下，电子对不会和晶格发生能量交换，在晶格中可以无损耗地运动，形成超导电流。

2. 解答思路：

(1) 经典自由电子理论是基于经典理论，认为金属中自由电子的运动规律遵循经典力学气体分子的运动规律，自由电子之间以及自由电子与正离子之间的相互作用是类似于经典的机械碰撞，造成电子的运动受阻，产生电阻。量子自由电子理论是基于量子理论，认为自由电子的定向运动受到散射构成电阻，但只有费米面附近的电子参与导电。能带理论考虑了晶体的周期性势场对电子运动的影响，认为未填满能带上的电子参与导电。

(2) 造成差异的原因是：理论基础不同。在三种理论中，实际考虑的参与导电的电子数、电子质量和弛豫时间不同，因而造成金属导电的机制不同。

3. 解答思路：

(1) 马西森定律指出，金属总的电阻率 ρ 包括基本电阻率 $\rho(T)$ 和杂质浓度引起的电阻率 ρ_r，满足关系 $\rho=\rho(T)+\rho_r$。

(2) 接近 0 K 时的电阻率是金属的残余电阻率，由金属自身存在的杂质等因素引起。在极低温度时，由于离子热振动很弱，电阻产生的机制主要是电子－电子散射，电阻率满足与温度的二次方呈正比关系。随着温度的升高，晶格振动加剧，电阻产生的机制变成电子－声子散射。在温度 $T \ll \Theta_D$ 时，对大多数金属，电阻率与温度满足格律乃森的温度五次方定律。在温度 $T > \frac{2}{3}\Theta_D$ 时，电阻率与温度满足一次方正比关系。

4. 解答思路：

在压应力下，由于压应力造成原子间距缩小，晶格排列趋向更加整齐，某些缺陷或由杂质引起的晶格畸变在压应力下变得整齐，造成电子散射减弱，因此电阻率降低。尤其是在三向等静压下，电阻率降低更加明显。在极高压应力下，还可使许多半导体和绝缘体变为导体，甚至成为超导体。

在拉应力下，由于拉应力能使原子间距增大，引起点阵的畸变增大，因此导致电阻率增大。

5. 解答思路：

(1) 温度对离子导电性的影响满足半对数线性关系，如解答图2.1所示。(2) 电导率随温度的升高而升高。低温下，杂质电导占主导；高温下，固有电导占主导，电导率随温度的变化曲线会发生偏折。

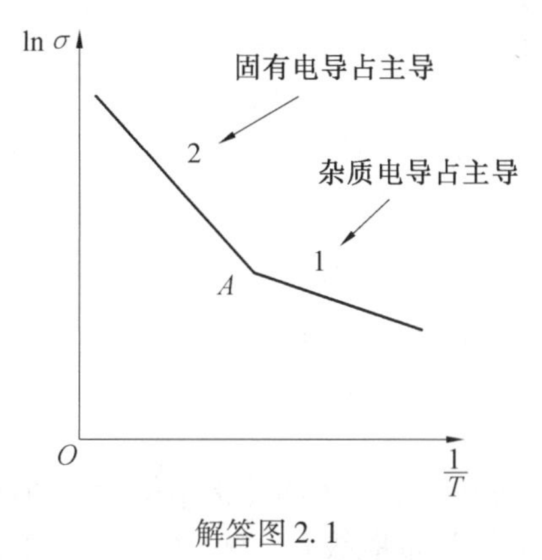

解答图2.1

6. 解答思路:

快离子导体的导电性较高主要与其晶体结构有关。快离子导体的晶格可看成由不运动的骨架离子占据特定的位置构成刚性晶格,为迁移离子的运动提供通道;由迁移离子构成传导亚晶格。在亚晶格中,缺陷浓度很高,以至于迁移离子位置的数目远超过迁移离子本身数目,使所有离子都能迁移,相较于一般固体电解质,快离子导体具有很高的载流子浓度。因此,快离子导体的导电性比一般固体电解质好。

7. 解答思路:

快离子导体的导电机理遵循一般离子导电的机理,即导电源于晶格中存在的一定浓度的点缺陷,同时在导电过程中伴随宏观物质的迁移。但快离子导体的导电性较高则主要与其晶体结构有关。快离子导体的晶格可看成由不同的亚晶格构成。其中,传导离子组成一套亚晶格,非传导离子组成另一套亚晶格。当升温到相变点,转变为快离子导体时,传导相离子亚晶格呈液态,而非传导相亚晶格呈刚性,起骨架作用,为传导离子的运动提供通道。这一结构类型使快离子导体具有很高的载流子浓度。在固体熔化过程中,存在两套亚晶格的两次熔化过程,即传导离子亚晶格的熔化和非传导离子亚晶格的熔化,这也使快离子导体具有更高的熔化熵,此时的熔体具有较高的电导率。

8. 解答思路:

(1) 相同点:都是由载流子运动造成的。

(2) 不同点:电子类导电是由电子散射引起的,随着温度的升高,电子散射作用加强,电阻率升高,电导率下降。离子类导电是由离子扩散引起的,随着温度的升高,离子热运动增强,因此电导率增加。

9. 解答思路:

本征半导体:温度升高,晶格振动增强,造成载流子迁移率降低;但温度升高,使本征半导体载流子数量大幅增加,且占主导,所以本征半导体电导率随温度升高而增大。

杂质半导体电导率随温度变化分为三个区域:(1) 低温区(或杂质区)。施主和受主杂质没有完全电离,温度升高,杂质电离提供的载流子数目不断增加,使电导率增加。(2) 中温区(或饱和区)。施主和受主杂质完全电离,且本征激发弱,电子和空位数目变化不大,但温度升高造成晶格振动加剧,使电导率降低。(3) 高温区(或本征区)。本征激发产生的载流子数目随温度升高而迅速增加,则电导率上升。

10. 解答思路:

根据能带理论,金属的导电性主要源于导带上的电子。由于导带是未被填满的能带,其上有很多空能级,电子很容易吸收电场能量向高的空能级运动,因而金属具有良好的导电性。绝缘体的能带结构是价带为满带,满带和空带间存在很宽的禁带。满带顶端的电子很难获得超过禁带宽度的电场能跃迁至空带,因而绝缘体不导电。半导体具有与绝缘体相同的能带结构,但其禁带宽度较窄,满带顶端的电子能够较为容易地从外界获得能量跨过禁带到达空带底部,因此半导体具有一定的导电性。但对本征半导体来说,可运动的电子数量少,因此往往导电性差。通过掺杂形成杂质半导体,由杂质提供额外的电子或空穴,可大大提高半导体的导电性。

11. 解答思路:

本征半导体、n 型半导体和 p 型半导体的能带结构示意图如解答图 2. 2 所示。

本题需要在图中标出并说明导带能级 E_C、费米能级 E_F、价带能级 E_V、受主能级 E_A、施主

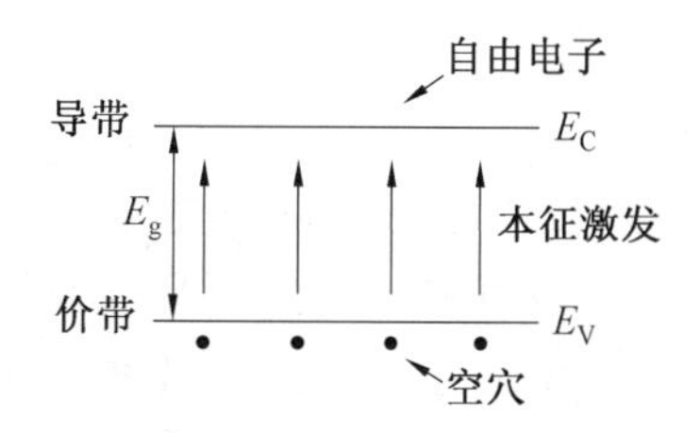

(a) 本征半导体的能带结构示意图

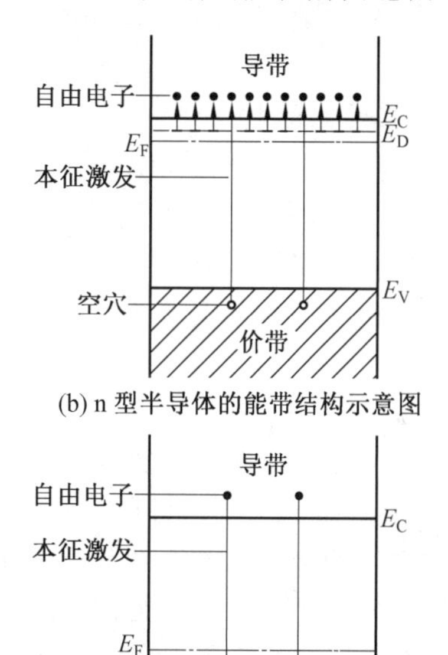

(b) n 型半导体的能带结构示意图

(c) p 型半导体的能带结构示意图

解答图 2.2

能级 E_D 的名称和含义。对本征半导体，出现本征激发，电子从价带顶部跨越禁带跃迁至导带底部。对n型半导体，E_D 施主能级位于 E_C 导带能级下方，温度高于0 K时，E_D 上的自由电子跃迁至 E_C 底部，并伴有本征激发。对 p 型半导体，E_A 受主能级位于 E_V 价带能级上方，温度高于0 K时，E_A 上的空穴向下跃迁至 E_V 以下的能级，并伴有本征激发。

12. 解答思路：

动态平衡：将 p 型半导体与 n 型半导体结合后，n 型半导体中的自由电子浓度高，p 型半导体的空穴浓度高，导致电子从 n 型半导体向 p 型半导体扩散，而空穴则从 p 型半导体向 n 型半导体扩散。n 区的自由电子扩散至 p 区，破坏了 n 区内的电荷平衡，在 n 区内出现由电离施主构成的一个正电荷区。与此相对，p 区内空穴扩散至 n 区，则留下了不可移动的带负电荷的电离受主，形成负电荷区。从而构成空间电荷区，产生了从 n 区指向 p 区的内建电场。在内建电场的作用下，空间电荷区内的电子从 p 区向 n 区漂移，空穴从 n 区向 p 区漂移。随着载流子扩散运动的不断进行，空间电荷区不断扩大，内建电场不断增强，载流子的漂移运动也增强。在无外电场的情况下，最终载流子的扩散运动与漂移运动达到动态平衡，扩散电流与漂移电流相抵消，通过 pn 结的电流为 0，此时构成热平衡状态下的 pn 结。

单向导电：内电场与外电场方向相反，内电场变窄，多子可在外电场作用下实现扩散，从而导电；内电场与外电场方向相同，内电场变宽，多子扩散受阻更大，从而不可扩散，没有导电性。

13. 解答思路:

分析金属导电性的影响因素时,需要考虑电子散射,即从电子在运动中受到阻碍的角度进行分析。各种因素造成的电子散射越强,金属电阻率越高。

电解质的导电属于离子类载流子导电,分析其导电性影响因素时,需要考虑离子扩散,即从离子在电场中扩散难易的角度进行分析,离子扩散越容易,电解质电导率越高。通常,离子类载流子导电需要同时考虑离子载流子浓度和迁移率这两个参量的影响。

14. 解答思路:

金属导电性影响因素的分析思路同第 13 题。

分析半导体导电性的影响因素时,需要考虑载流子的运动,即从载流子在电场中运动的角度进行分析,载流子运动能力越强,半导体电导率越高。

另外,半导体的导电性需要同时考虑载流子浓度和载流子迁移率这两个参量对电导率的贡献。而对金属材料来说,自由电子的数量基本上不随因素的影响而改变,通常只考虑晶格振动对电子散射的作用。

15. 解答思路:

超导材料主要有三个特性,即零电阻特性或完全导电性、完全抗磁性、磁通量量子化或超导隧道效应。当温度低于某一临界温度 T_C 后,材料的电阻突然消失,变为零,呈现完全导电性。当材料进入超导态,超导体内的磁感应强度恒为零,出现对磁场的排斥现象,呈现完全抗磁性。超导态的超导隧道效应是一种量子效应在宏观尺度上表现的典型实例。电子对能够以隧道效应穿过绝缘层,在势垒两边电压为零的情况下,将产生直流超导电流,而在势垒两边有一定电压时,还会产生特定频率的交流超导电流。超导隧道效应理论构成了超导电子学的基础。

16. 解答思路:

可用 BCS 理论解释超导现象的物理本质。该理论指出,在超导临界温度以下时,电子在晶格中移动会吸引邻近格点上的正电荷,导致格点的局部畸变,形成一个局域的高正电荷区。这个局域的高正电荷区会吸引自旋相反的电子,并和原来的电子以一定的结合能相结合配对,形成库珀电子对。库珀电子对克服了库仑排斥,使电子之间产生某种吸引力,在很低的温度下,电子对将不会和晶格发生能量交换,也就没有电阻,在晶格当中可以无损耗地运动,形成超导电流。

17. 解答思路:

第 Ⅰ 类超导体和第 Ⅱ 类超导体的区别主要在于:第 Ⅱ 类超导体由正常态转变为超导态时有一个中间态,即混合态;第 Ⅱ 类超导体的混合态中有磁通线存在,而第 Ⅰ 类超导体没有;第 Ⅱ 类超导体比第 Ⅰ 类超导体有更高的临界磁场、更大的临界电流密度和更高的临界温度。

18. 解答思路:

(1) 有序 - 无序转变:升温后,晶体发生有序到无序的相转变,由于无序化将增大对电子的散射作用,因此电阻率升高。

(2) 形成偏聚区(K 状态):偏聚区对电子散射作用增强,引起电阻率增大。

(3) 金属熔化成液态,原子长程排列被破坏,引起电阻率上升。

19. 解答思路:

(1) 非晶态合金发生了晶化:非晶态下原子混乱排列,具有高电阻率的特征,随晶化转变量增加,晶格的周期性和完整性增强,减弱了电子的散射作用,使电阻率降低。

(2) 发生了超结构转变:长程有序结构使电子的散射作用减弱,电阻率降低。

(3) 偏聚区的均匀化转变:对存在偏聚区的晶体,升温后,若偏聚状态逐渐发生均匀化转变,则随着偏聚区的逐渐减少,电阻率呈降低趋势,直至偏聚区全部消失后,电阻率才随温度升高继续升高。

(4) 冷变形组织的回复和再结晶:冷变形后的金属存在大量缺陷,使电子散射增强。对冷变形组织进行回复和再结晶处理,可明显降低缺陷密度,甚至形成新的晶粒,消除冷变形引起的晶格畸变和缺陷,可使电阻率回复到冷加工前的电阻值。

(5) 某些材料呈共价键型晶体结构,熔化后,共价键结构被破坏,转为金属键结合,使电阻率降低。

20. 解答思路:

(1) 图2.1是杂质半导体的电导率与温度变化的关系。图2.1中,*AB*段:低温区(杂质区),施主和受主杂质没有完全电离,温度升高,杂质电离提供的载流子数目不断增加,使电导率升高;*BC*段:中温区(饱和区),施主和受主杂质完全电离,且本征激发弱,电子和空位数目变化不大,但温度升高造成晶格振动加剧,使电导率降低;*CD*段:高温区(本征区),本征激发产生的载流子数目随温度升高而迅速增加,则电导率上升。

(2) 杂质半导体电导率随温度变化存在三个区域,即杂质区、饱和区和本征区。这三个区域的存在主要与载流子数目随温度变化情况有关。电子类载流子导电材料主要指金属,金属电导率随温度变化需要从电子散射角度考虑,即考察电阻率。金属的电阻率随温度升高而升高,导电机制为低温下的电子-电子散射,到高温下的电子-声子散射。离子类载流子导电材料电导率随温度升高满足半对数线性关系,电导率随温度的升高而升高,主要考虑离子扩散。低温下,杂质电导占主导;高温下,固有电导占主导,电导率随温度的变化曲线会发生偏折。

(3) 解答见第10题。

21. 解答思路:

(1) 属于*n*型半导体。对n型半导体来说,低温时,费米能位于导带E_C底部和施主能级E_D之间。随着温度的升高,温度的影响逐渐增大。n型半导体上施主能级上的电子大量跃迁至导带,此时,导带上的电子浓度大于施主能级上的电子浓度,费米能级E_F逐渐向本征半导体费米能级接近。到更高温度,杂质能级上的电子已经全部激发,半导体成为本征半导体,费米能级E_F位于禁带中央。

(2) 解答见第12题。

(3) 解答见第9题。

第 3 章　材料的介电性能

一、单项选择题答案

1 ~ 5　ABDBA
6 ~ 10　ACCDB
11 ~ 15　ADDCB
16 ~ 20　DADCA
21 ~ 25　BABDC
26 ~ 30　CDBBA
31 ~ 35　BABCA
36 ~ 40　DACCC

【习题解答与分析】

1.(A) 解答思路:

电介质是一类绝缘体,在外电场下的电行为表现为极化。这些束缚电荷不能发生长程迁移,但可以发生微小的移动,使正负电荷重心不再重合,产生电偶极矩或使电偶极矩改变,从而产生极化或表面产生感应电荷。

2.(B) 解答思路:

介电常数 ε 或相对介电常数 ε_r 的大小反映了电介质在电场中的极化特性,ε 越大,极化能力越强,并且 ε 的大小与电场频率有关。

3.(D) 解答思路:

根据 $\boldsymbol{P}=\chi_e\varepsilon_0\boldsymbol{E}$,$E$ 是指有电介质时的有效电场强度,不是外加电场强度。有效电场强度是外加电场强度(即由物体外部固定的电荷产生的电场)和退极化电场强度(即构成物体的所有质点电荷的电场之和)的矢量和,或者可理解为真空电场强度 $\boldsymbol{E}_0$ 与退极化场 $\boldsymbol{E}_d$ 的矢量和。

4.(B) 解答思路:

根据电偶极矩 $\mu=q\cdot l$ 的关系,μ 的单位是库仑·米,方向由负电荷指向正电荷,并与外加电场同向。单位体积下的电偶极矩矢量和就是电极化强度 P 的定义。

5.(A) 解答思路:

一般来说,电子位移极化与电场频率无关。

6.(A) 解答思路:

电子位移极化与温度无关。温度升高,离子间的结合力降低,使极化能力增强;而离子的密度随温度升高而减小,使极化能力降低;通常,前一种因素影响较大,因此,温度升高,离子位移极化增强。对取向极化,温度升高,偶极子沿外电场的有序化会降低系统的能量,而热运动则破坏这种有序化,两者共同作用,造成取向极化随温度变化存在极大值。对空间电荷极化,由于温度越高,离子运动越加剧,离子扩散越容易,空间电荷减少,因此空间电荷极化随温度升高而减弱。

7.(C) 解答思路:

克劳修斯 - 莫索堤方程建立了电介质宏观极化性能与微观极化机制之间的关系。

8.(C) 解答思路:

弛豫极化除了与带电粒子的热运动有关外,还与外电场频率有关。空间电荷极化随温度的升高而降低;离子位移极化随温度的升高而增强。

9.(D) 解答思路:

存在晶界、杂质等缺陷的不均匀介质中主要引起空间电荷极化。正负电荷重心产生相对位移引起电子位移极化;离子偏移平衡位置引起离子位移极化;取向极化与电偶极子的定向排列有关。

10.(B) 解答思路:

意大利物理学家莫索堤利用极化的球形腔模型,提出了作用于一个原子上的局部电场的概念。在局部电场关系式中,分子或原子与周围带电质点的作用,称为洛伦兹有效电场。

11.(A) 解答思路:

交变电场下电容器中电介质出现介质损耗的原因与极化强度落后于外加电场的变化有关。电介质把电能用于充电属于电容项,不是损耗项。

12.(D) 解答思路:

电容器中的电介质把电能用于充电属于电容项,不是损耗项。

13.(D) 解答思路:

在交流电场中,充电电流(即电容电流)与总电流间的夹角为损耗角 δ。电容电流与漏电电流间的相位呈 $90°$,漏电电流与电压方向一致。

14.(C) 解答思路:

$\tan\delta$ 为损耗角正切,该值越大表示损失的能量越大。复介电常数的概念中,ε' 表示无能量损耗部分,ε'' 则表示能量损耗部分,ε'' 与 ε' 之比则为损耗角正切。复电导率的表达式为 $\sigma^* = \mathrm{i}\omega\varepsilon + \sigma$,其中的 $\mathrm{i}\omega\varepsilon$ 表示无能量损耗部分,σ 表示能量损耗部分,因此也能直接反映损耗关系。

15.(B)。解答思路:

频率 ω 很小时,各种极化机制均可跟上电场的变化,因此不存在极化损耗。随着频率增大,弛豫极化逐渐跟不上电场频率的变化,因此极化能力逐渐减小。频率很高时,弛豫极化完全跟不上电场频率的变化,介电常数趋于最小值,且 $\tan\delta \to 0$。当 $\omega\tau = 1$ 时,$\tan\delta$ 具有最大值 ω_m,其数值为 $\omega_m = \dfrac{1}{\tau}\sqrt{\dfrac{\varepsilon_{rs}}{\varepsilon_{r\infty}}}$。

16.(D) 解答思路:

影响介质损耗的因素主要包括频率、温度和弛豫时间。其中,温度越高,弛豫时间越短,与充电电流无关。

17.（A）解答思路：

温度对弛豫极化的影响是通过影响弛豫时间实现的，温度越高，弛豫时间越短。不同极化机制由于弛豫时间不同，在不同交变电场频率下，各种极化机制对频率的响应不同。在极高频率下，弛豫时间长的极化机制来不及响应，对总的极化强度没有贡献，只有电子位移极化起作用。空间电荷极化只在低频下发生。

18.（D）解答思路：

在一个电介质上施加电场后，电介质的极化强度突然增大到某一值，随时间延长，极化强度继续逐渐增大，并最终趋于稳定值。

19.（C）解答思路：

交变电场频率很低时，各种极化机制均跟得上电场的变化，不存在极化损耗。介质损耗主要由电介质的漏电引起，与频率无关。交变电场频率很高时，弛豫极化完全跟不上电场频率的变化，介电常数主要由位移极化决定，ε_r 趋向最小值，此时可以认为无极化损耗。当电偶极矩的变化与外加电场一致时，也可认为无极化损耗。

20.（A）解答思路：

实际材料内部存在不均匀相，各相的介电性质不同，能引起介质的电场分布不均匀。局部较高的电场强度，则引起较高的损耗。这是宏观结构不均匀的介质损耗，属于介质损耗的形式之一。

21.（B）解答思路：

介电强度是指介电材料在不发生击穿或者放电的情况下承受的最大电场。由介电强度的定义 $E_{max} = \left(\frac{U}{d}\right)_{max}$ 可知，材料厚度 d 增加，介电强度 E_{max} 降低。

22.（A）解答思路：

热击穿时，击穿电压随温度和电压作用时间延长而迅速下降。

23.（B）解答思路：

气泡本身的介电强度比固体介质的介电强度低很多，因此，材料中含有气泡时，加上电压后气泡上的电场较高，容易造成气泡首先被击穿，引起气体放电，产生大量的热，进而容易引起整个介质被击穿。

24.（D）解答思路：

根据双层介质各层内的电场强度的关系表达式 $\boldsymbol{E}_1 = \frac{\sigma_2(d_1 + d_2)}{\sigma_1 d_2 + \sigma_2 d_1} \times \boldsymbol{E}$ 和 $\boldsymbol{E}_2 = \frac{\sigma_1(d_1 + d_2)}{\sigma_1 d_2 + \sigma_2 d_1} \times \boldsymbol{E}$ 可知，电导率小的介质承受场强高，电导率大的介质承受场强低。

25.（C）解答思路：

固体介质的表面放电属于气体放电。固体表面击穿电压常低于没有固体介质时的空气击穿电压。通常，陶瓷介质由于介电常数大、表面吸湿等原因，引起空间电荷极化，使表面电场畸变，降低表面击穿电压。固体介质与电极接触不好，则表面击穿电压降低。电场的频率不同，表面击穿电压也不同。频率升高，击穿电压降低。另外，电极边缘常常发生电场畸变，使边缘局部电场强度升高，导致击穿电压下降。

26.（C）解答思路：

对压电材料来说，外电场除了引起电致伸缩以外，还引起逆压电效应，所引起的应变量与电场强度成正比。当外电场反向时,应变量的正负也发生变化。电致伸缩效应是由电场中电介质的极化引起的,并可发生于所有电介质中,其特征是应变大小与外电场方向无关。压电材料由外电场所引起的应变,为逆压电效应与电致伸缩效应之和。对于非压电的电介质材料,外电场只引起电致伸缩应变。

27. (D) 解答思路:

电场引起的极化是电极化现象,压电效应是应力引起的极化现象。在压应力下,电极化只可能在不具有对称中心的晶体内发生。根据晶体学,在32种宏观对称类型中,不具有对称中心的有21种,其中只有点群432压电常数为0,其余20种都具有压电效应。

28. (B) 解答思路:

电介质的晶体结构具有不对称中心是压电性产生的基本条件之一。

29. (B) 解答思路:

晶体结构具有不对称中心是热释电性产生的基本条件之一。

30. (A) 解答思路

电介质中的特殊功能性材料,即压电材料、热释电材料和铁电材料在外电场作用下,除了具有电致伸缩现象以外,也都存在逆压电效应。

31. (B) 解答思路:

铁电体的特征包括:电畴结构、电滞回线、介电反常和居里点,与磁化无关。

32. (A) 解答思路:

电滞回线的产生是电极化落后于外电场变化的结果。

33. (B) 解答思路:

相变是引起介电反常的原因,在相变点附近会出现突变的介电常数。当温度高于居里点时,铁电相转变为顺电相,此时的介电常数与温度的关系服从居里 - 外斯定律。相较于铁电相而言,顺电相位于高温区。铁电相态内发生相变,在相变点附近也会出现介电反常。

34. (C) 解答思路:

$BaTiO_3$ 具有四个相态,从高温到低温分别为立方结构(顺电相)、四方结构、斜方结构和菱方结构,后三个相态处于铁电相。

35. (A) 解答思路:

反铁电体是在转变温度以下,邻近的晶胞彼此沿反平行方向自发极化,宏观上自发极化强度为0。在 $P-E$ 关系曲线中,电场强度 E 较小时,无电滞回线。当电场强度 E 较大时,在外电场、热应力诱导下,反铁电相将向铁电相转变,呈现双电滞回线。

36. (D) 解答思路:

反铁电体在顺电态下也满足居里 - 外斯定律。

37. (A) 解答思路:

铁电体是热释电体,热释电体也是压电体,反之则不然。因此,热释电体没有电滞回线,但具有压电性。由于铁电体具有与铁磁体一样的滞后回线,所以人们仿照铁磁体的称谓,把这类晶体称为“铁电体”,相应的性能称为“铁电性”,但其实该类晶体材料中并不含有铁磁性元素。

38. (C) 解答思路:

铁电体属于电介质,在电场中被极化时,除了出现电滞回线的特征外,同时还伴随着一般电介质的极化。铁电体被极化至饱和后继续极化,极化强度将随外电场近似呈线性关系增加,这实际体现了铁电体作为一般电介质的极化特征,如果外加电场达到铁电体的介电强度,则被击穿。

在电滞回线上的极化饱和点,沿高电场强度下的线性部分外推至 $E=0$ 时,在纵轴上的截距才是饱和极化强度 P_s。这一以线性外推方式获得 P_s 的过程,实际上去除了极化过程中只反映一般电介质极化特征的极化强度。

39. (C) 解答思路:

铁电体内自发极化方向相同的小区域称为电畴。电畴的大小和形状,以及决定畴壁厚度的因素都是各种能量平衡的结果。由于铁电体存在电畴,这也是铁电体具有电滞回线的原因之一。电畴运动是通过新畴的出现、发展和畴壁移动来实现的。

40. (C) 解答思路:

呈结构高对称性的铁电体实际处于顺电相。顺电相虽然是极化无序状态,但在外电场的作用下,也可以产生较大的电偶极矩。

二、判断题答案

1 ~ 5　错对对对错

6 ~ 10　错对错错错

11 ~ 15　对错错对对

16 ~ 20　错错对对错

21 ~ 25　对错对对错

26 ~ 30　对错错对对

【习题解答与分析】

1. (错) 解答思路:

极性分子组成的物质,虽然每个分子都存在偶极矩,但在没有外电场的情况下,大量极性分子的偶极矩排列混乱,偶极矩的矢量和为 0,因此对外不显极性。

5. (错) 解答思路:

电极化率与介电常数所表达的物理意义是相同的,都表示电介质的极化能力。

6. (错) 解答思路:

温度越高,偶极子的活跃性越高;混乱度越高,越难在电场的驱动下取向一致;取向极化率越低,取向极化越难。

8. (错) 解答思路:

电子位移极化没有能量损耗,温度对电子位移极化影响也不大。

9. (错) 解答思路:

电介质放入真空平板电容器后,电介质表面出现感应电荷。感应电荷部分屏蔽了极板上自由电荷产生的静电场,因此,在嵌入电介质后,两极板间的 U 下降为 $\frac{U}{\varepsilon_r}$。此时,电容器在容纳的电荷量一定的情况下,两极板间的电势差比没有电介质时的小,这相当于增大了电容器的电容量。

10.（错）解答思路：

非极性物质在电场作用下，正负电荷中心发生分离，就会出现极化。

12.（错）解答思路：

弱联系带电粒子在电场中运动引起的能量损耗是电导损耗，也就是漏电造成的损耗。

13.（错）解答思路：

在极高频率下，只有电子位移极化起作用。

16.（错）解答思路：

电介质由于表面吸湿等原因，常引起表面击穿电压降低，使电介质更容易被击穿。

17.（错）解答思路：

强电场下，电子与晶格振动相互作用导致电离产生新的电子，形成“电子潮”，引起电击穿。

20.（错）解答思路：

固体介质与电极接触不好，易引起表面击穿电压下降。

22.（错）解答思路：

对逆压电材料来说，在外电场作用下，除了逆压电效应引起的应变以外，还包括由电致伸缩效应引起的应变。

25.（错）解答思路：

α - 石英只是压电材料，不是热释电材料。这与 α - 石英不存在自发极化，也没有极轴有关。

27.（错）解答思路：

$BaTiO_3$ 属于位移型铁电体。它的自发极化是由于钛氧八面体中的原子发生位移，引起钛离子发生偏移，产生净电偶极矩。

28.（错）解答思路：

在外电场或热应力等的诱导下，反铁电相将向铁电相转变，呈现双电滞回线。温度高于一定值后，反铁电相才会转变为顺电相。

三、问答题解答与分析

1. 解答思路：

（1）束缚电荷：电介质内存在束缚在原子、分子、晶格、缺陷等位置或局部区域内的电荷，这些电荷不能发生如载流子的长程迁移，但可以发生微小的移动。这样的电荷称为束缚电荷。

（2）介电常数：是用来反映电介质极化特性的物理量。介电常数越大，电介质的极化能力越强。

（3）极化：在电场作用下，束缚电荷发生微小移动，使正负电荷重心不再重合，产生电偶极矩或使电偶极矩改变，产生了极化。

（4）电偶极矩：是用来表示偶极子极化大小和方向的物理量，满足关系 $\boldsymbol{\mu} = ql$，方向由负电荷指向正电荷，与外电场方向一致。

（5）极化强度：单位体积内的电偶极矩矢量总和。

（6）极化率：用来表示材料被电极化的能力，是材料的宏观极化参数之一。

（7）退极化：电介质被极化后，感应电荷将产生与外加电场方向相反的电场，出现退极化现象。此时,电介质中的场强为外加电场自由电荷产生的场强和感应电荷产生的退极化场的矢量和。

(8) 位移极化:位移极化是一种弹性的、瞬时完成的极化,极化过程中无能量消耗,在电子极化和离子极化中存在电子位移极化和离子位移极化。

(9) 弛豫极化:弛豫极化是与热运动有关,属于非弹性、需一定时间完成的极化,极化过程中有能量消耗,大部分的极化属于弛豫极化。

(10) 介质损耗:电介质在电场作用下,在单位时间内由于介质导电和介质极化的滞后效应而消耗的能量,也称介电损耗。

(11) 损耗角正切:是损耗角的正切值,为无量纲参量,是每个周期内介质损耗的能量与其储存能量之比,表示存储电荷要消耗的能量大小。

(12) 介电强度:一种介电材料在不发生击穿或者放电的情况下承受的最大电场。

(13) 介质击穿:当电场强度超过某一临界值时,电介质由介电状态变为导电状态,这种现象称为介电强度的破坏或介质击穿。

(14) 自发极化:如果晶胞自身的正负电荷中心不重合,其固有电偶极矩沿同一方向排列,使晶体处在高度的极化状态下,这种极化状态是外场为0时自发建立起来的,称为自发极化。

(15) 正压电效应:压电材料沿一定方向施加压力或拉力时,随着形变的产生,会在其某两个相对表面产生符号相反的电荷。当外力去掉形变消失后,又重新回到不带电的状态。这种现象称为正压电效应,即机械能转变为电能。

(16) 逆压电效应:若在压电材料极化方向上施加电场,会产生机械形变,这种现象称为逆压电效应,即电能转变为机械能。

(17) 电致伸缩:任何电介质在外电场作用下,都会发生尺寸变化,产生应变,这种现象称为电致伸缩。

(18) 热释电效应:是指电介质由于温度作用其电极化强度发生变化。

(19) 铁电效应:是指铁电体的自发极化强度可随外加电场变化而重新取向。

(20) 电畴:铁电材料中由自发极化方向相同的晶胞所组成的小区域称为铁电畴,简称电畴。

(21) 介电反常:铁电体的介电常数在相变点附近具有很大的数值,引起介电常数的突变,即介电反常。

(22) 反铁电效应:在居里点温度以下,若相邻离子联线上的偶极子呈反平行排列,宏观上自发极化强度为0,无电滞回线,这就是反铁电效应。

(23) 介电常数温度系数:是指随温度变化,介电常数的相对变化率满足关系:$TK\varepsilon = \frac{1}{\varepsilon}\frac{\mathrm{d}\varepsilon}{\mathrm{d}T}$。

2. 解答思路:

可用于描述材料介电性能的参数包括:电偶极矩 $\boldsymbol{\mu}$、电极化强度 $\boldsymbol{P}$、介电常数 ε、相对介电常数 ε_r、电极化率 χ_e、电位移矢量 $\boldsymbol{D}$ 等。相互间满足如下关系:

$$\boldsymbol{\mu} = ql$$

$$\boldsymbol{P} = \frac{\sum \boldsymbol{\mu}}{V}$$

$$\boldsymbol{P}=\chi_e\varepsilon_0\boldsymbol{E}$$
$$\boldsymbol{D}=\varepsilon_0\boldsymbol{E}+\boldsymbol{P}=\varepsilon_0\boldsymbol{E}+\chi_e\varepsilon_0\boldsymbol{E}=(1+\chi_e)\varepsilon_0\boldsymbol{E}=\varepsilon_r\varepsilon_0\boldsymbol{E}=\varepsilon\boldsymbol{E}$$
$$\chi_e=\varepsilon_r-1$$

3. 解答思路：

极化强度可用于表达宏观和微观情况下的两个表达式分别为：宏观表达式 $P=\chi_e\varepsilon_0E$，微观表达式 $\boldsymbol{P}=\frac{\sum\boldsymbol{\mu}}{V}$。从宏观上，可以通过测定电极化强度随电场强度的变化关系，进而得到电极化率。若从理论分析上考虑，如果知道材料内部各种电偶极矩的矢量情况，则可以获得电极化强度。这两个分别反映宏观和微观的关系式间一定可以通过克劳修斯 - 莫索堤方程建立联系。

4. 解答思路：

电介质极化的微观机制主要包括：

(1) 电子位移极化：正负电荷重心产生相对位移。(2) 离子位移极化：离子偏移平衡位置。(3) 偶极子取向极化：偶极子定向排列。(4) 空间电荷极化：不均匀介质中正负离子移动。(5) 电子弛豫极化：弱束缚电子电场下做短距离运动。(6) 离子弛豫极化：弱束缚离子电场下做短距离迁移。(7) 自发极化：晶胞的固有电矩沿着同一方向排列整齐，这是外加电场为0时自发建立起来的极化状态。

5. 解答思路：

(1) 介电常数反映了电介质在电场中的极化特性，介电常数越大，电介质极化能力越强。

(2) 当铁电体在居里温度由铁电相转变为顺电相时，发生相变，由居里 - 外斯定律 $\varepsilon=\frac{C}{T-T_c}$ 可知，介电常数将变得很大，从而造成介电反常。另外，铁电体本身若发生相变，晶体结构发生转变，则在相变点附近也会引起介电反常。

6. 解答思路：

克劳修斯 - 莫索堤方程实际建立了电介质极化的宏观与微观间的关系。方程左侧用与材料宏观性能有关的介电常数表示，而右侧则以体现材料微观电偶极矩变化的极化率体现。根据这一方程，可以利用测得宏观介电常数、微观的偶极子数目和电极化率之间的关系建立宏观和微观间的关系。

7. 解答思路：

(1) 介电损耗的物理量是：损耗角正切 $\tan\delta=\frac{\text{损耗项}}{\text{电容项}}=\frac{\varepsilon''}{\varepsilon'}=\frac{\varepsilon''_r}{\varepsilon'_r}=\frac{\sigma}{\omega\varepsilon}$。电介质在电场作用下，在单位时间内，由于介质导电和介质极化的滞后效应而消耗的能量，称为介质损耗，也称介电损耗。

(2) 造成介质损耗的因素主要包括：电导损耗、极化损耗、电离损耗、结构损耗、宏观结构不均匀的介质损耗。

8. 解答思路：

不同极化机制由于弛豫时间不同，因此在不同交变电场频率下，各种极化机制对频率的响应不同。在频率极高(10^{15} Hz) 时，弛豫时间长的极化机制来不及响应，对总的极化强度没有贡献，此时只有电子位移极化起作用。原子(或离子) 极化机制引起的极化，通常在红外光频波段(10^{12} ~ 10^{13} Hz)出现。在宽的频段内(10^{2} ~ 10^{11} Hz),频率从高到低对应电子弛豫极化、离子弛豫极化、偶极子取向极化等极化机制。通常室温下,对于陶瓷或玻璃材料,偶极子取向极化是最重要的极化机制。空间电荷极化则只发生在低频率下。

9. 解答思路:

造成电介质击穿的原因通常分为三种,即热击穿、电击穿和化学击穿。对于任意一种材料,主要取决于试样的缺陷情况、电场的特征及器件的工作条件等。

热击穿的本质是处于电场中的介质,由于介质损耗而产生热量,可由电势能转换为热能。当外加电压足够高时,可能从散热与发热的热平衡状态转为不平衡状态。若发出的热量比散去的多,介质温度将越来越高,直至出现永久性损坏,引起热击穿。

固体介质在强电场的作用下,内部少量可自由移动的载流子剧烈运动,与晶格上的原子发生碰撞使之游离,并迅速扩展而导致电击穿。在强电场下,当电子从电场中得到的能量大于传递给晶格振动的能量时,电子的动能越来越大。当电子能量大到一定数值时,电子与晶格振动相互作用导致电离产生新的电子,并发生连锁反应,产生大量自由电子,使贯穿介质的电流迅速增大,发生击穿。这个过程往往是瞬间完成的。

长期运行在高温、高压、潮湿或腐蚀性气体环境下的绝缘材料往往会发生化学击穿。一方面,交变电场下,有时材料中会发生电还原作用,使材料的电导损耗急剧上升,最后由于强烈发热成为热化学击穿;另一方面,若电介质中存在封闭气孔,气体在高压电场作用下发生电离放电并放出热量,产生的热量可能引起金属氧化物的金属离子还原成金属原子,使电导大大增加,电导的增加反过来又加速电介质的强烈发热,从而发生电化学击穿。

10. 解答思路:

影响电介质击穿强度的因素主要有:介质的不均匀性、材料中气泡的作用、材料表面状态及边缘电场。

不均匀电介质常有晶相、玻璃相和气孔存在。对双层介质来说,电导率小的介质承受场强高,电导率大的介质承受场强低。材料中含有气泡时,由于气泡的介电常数和电导率很小,介电强度比固体介质要低得多,因此,加上电压后气泡上的电场较高,气泡往往首先击穿,引起的气体放电产生大量热,进而容易引起整个介质击穿。固体介质的表面放电属于气体放电。固体表面击穿电压常低于没有固体介质时的空气击穿电压;并且,电极边缘常常发生电场畸变,使边缘局部电场强度升高,导致击穿电压的下降。

11. 解答思路:

任何电介质在外电场作用下,都会发生尺寸变化,产生应变,发生电致伸缩效应。电致伸缩效应的大小与所加电场强度 E(或极化强度 P)平方成正比。电致伸缩效应是由电场中电介质的极化引起的,并可发生于所有电介质中,其特征是应变大小与外电场方向无关。

对压电材料来说,外电场除了引起电致伸缩以外,还可以引起逆压电效应,此时引起的应变量与电场强度成正比。当外电场反向时,应变量的正负也发生变化。因此,压电材料由外电场所引起的应变,为逆压电效应与电致伸缩效应之和。对于非压电的电介质材料,外电场只引起电致伸缩应变。

12. 解答思路:

热释电体具有自发极化特征,但由于自发极化建立的电场吸引了晶体内部和外部空间的异号自由电荷,使自发极化建立的表面束缚电荷被外来的表面自由电荷所屏蔽,束缚电荷建立的电场被抵消。

当温度发生变化,自发极化强度发生变化,晶体表面的自由电荷也随之进行相应的调整。但这些表面自由电荷往往不能及时补偿因温度变化引起的自发极化强度的变化,此时,自发极化才能表现出来,使得晶体呈现带电状态或在闭合电路中产生电流,这就是热释电性产生的原因。

13. 解答思路:

本题可以用文字描述,也可以列表说明。

(1) 电介质:是绝缘材料,在电场作用下能建立电极化(束缚电荷起主要作用)的物质。

(2) 压电效应:由于电介质结构无对称中心,因此机械应力可引起电介质正负电荷重心发生相对位移,出现电极化现象。对称结构的电介质不存在压电效应。

(3) 热释电效应:具有无对称中心的电介质存在极轴,处于自发极化状态,温度变化使自发极化特征显现,进而呈现因温度变化出现的电极化现象。

(4) 铁电效应:有些热释电性材料的自发极化可随外加电场的变化而重新取向,出现电滞回线。电滞回线的出现与材料中存在自发极化的小区域,即电畴有关。电场作用下,极化强度的变化落后于外加电场,进而出现电滞回线。铁电材料还具有居里温度和介电反常现象。

14. 解答思路:

铁电体的主要特征有:

(1) 电畴结构:自发极化的小区域,每个区域内处于电极化饱和状态。未电极化前(或处于退极化状态时),电畴结构自由取向,总的电极化强度为零。电畴是各种能量和最小化的结果。

(2) 电滞回线:电极化过程中,自发极化方向可以因外电场方向的反向而反向,但由于 P 落后于 E,形成了电滞回线。

(3) 居里温度:铁电相与顺电相的相变点。高于居里温度时,ε 和 T 的关系满足居里 - 外斯定律。

(4) 介电反常:在相变点附近,介电常数有突变。

15. 解答思路:

铁电体主要具有四个方面的特征,即具有电畴结构,极化强度和外电场之间的关系呈电滞回线特征,存在居里温度,并会出现介电反常现象。

反铁电体在转变温度以下,相邻离子连线上的偶极子呈反平行排列,宏观上自发极化强度为 0,无电滞回线。反铁电体是一种反极性晶体。通常,反铁电体由顺电相向反铁电相转变时,高温相的两个相邻晶胞产生反平行的电偶极子,一般宏观无剩余极化强度。但在外加电场或热应力诱导下,反铁电相将向铁电相转变,呈现双电滞回线。

16. 解答思路:

具有不对称结构的晶体,如果晶胞自身的正负电荷中心不相重合,其固有电偶极矩沿同一方向排列,使晶体处在高度的极化状态下,这种极化状态是外场为 0 时自发建立起来的,称为自发极化。

对某些压电材料来说,应力会造成正负电荷中心分离,发生压电现象,而由于其在非应力下时正负电荷中心重合,受热后均匀膨胀,无法使正负电荷中心发生分离,因此无法显现热释电性。而对于处于自发极化的材料来说,受热后,改变了晶体表面的极化状态,使自发极化特征显现出来,因此可呈现热释电性。

17. 解答思路：

对没有自发极化的压电材料来说，受热后，材料会沿三个方向产生相同的热膨胀。虽然每个方向上的电偶极矩都发生改变，但无法使总的正负电荷重心分离，因此热释电性不会显现。

18. 解答思路：

解答见第 13 题。

19. 解答思路：

当温度高于居里点时，铁电体的介电常数与温度的关系服从居里 – 外斯定律，即满足关系：$\varepsilon = \dfrac{C}{T-\theta}$。式中，$C$ 为居里 – 外斯常数，$C = 1.7 \times 10^{-5}$；T 为绝对温度；θ 是一个特征温度。一般来说，居里点 T_C 略大于 θ。居里 – 外斯定律是电介质研究中非常重要的定律，描述的是在居里温度以上顺电相介电常数随温度的变化关系。

20. 解答思路：

通常，将介电常数低于 3.9 的电介质材料称为低介电常数材料。电介质具有低介电常数，意味着材料在电场中难以被极化，因此可作为电子封装材料，在大规模集成电路器件中具有很重要的应用。低介电常数材料的发展，将有利于电子产品轻量化、薄型化、高性能化和多功能化的实现。

介电常数大于 3.9 的材料称为高介电常数材料。高介电常数材料具有优良的均匀电场和储存电能的能力，主要应用于电容器和存储器方面，进而满足各种电子设备和电力系统的需求。随着微电子器件微型化和高度集成化的发展，要求电介质材料具有更高的介电常数、更小的能量损耗，以及频率和温度的稳定性。

21. 解答思路：

（1）如解答图 3.1 所示。P_s 为饱和电极化强度；P_r 为剩余电极化强度；E_c 为矫顽力。

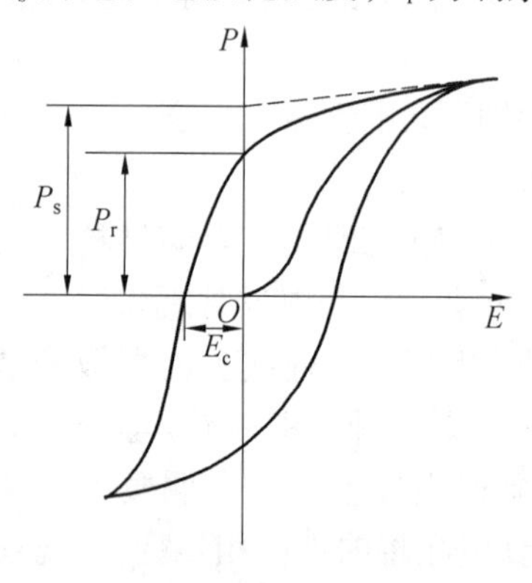

解答图 3.1

（2）如果把电场强度 E 继续增大，材料将反映正常的电介质电极化特性，即随电场强度增加，电极化强度呈线性增加。当电场强度达到介电强度时，介电特征消失。

（3）电介质及其三种特殊功能材料的性能差异见解答表 3.1（本题可以用文字描述，也可以列表说明）。

解答表3.1　一般电介质、压电体、热释电体、铁电体的性能差异

一般电介质	压电体	热释电体	铁电体
电场极化	电场极化	电场极化	电场极化
—	无对称中心	无对称中心	无对称中心
—	—	自发极化	自发极化
—	—	极轴	极轴
—	—	—	电滞回线

第 4 章　材料的热学性能

一、单项选择题答案

1 ~ 5　DCBAD

6 ~ 10　DABCD

11 ~ 15　CDCDA

16 ~ 20　CBDDA

21 ~ 25　DBDCB

26 ~ 30　ACADC

31 ~ 35　BDDBC

36 ~ 40　DCDAD

【习题解答与分析】

1.(D) 解答思路:

由热力学第二定律,系统混乱程度越大、系统越稳定,则熵越大。

2.(C) 解答思路:

热力学定律揭示了能量从一种形式转换为另一种形式时遵从的宏观规律,是通过总结物质的宏观现象而得到的热学理论。根据热力学第一定律,定压情况下,系统吸收的热量转变为内能的增加和对外做功;定容情况下,系统吸收的热量全部转变为内能。根据热力学第二定律,在自然过程中,一个孤立系统的总混乱度不会减小。熵增加原理从统计的观点看,孤立系统内部发生的过程,总是由热力学概率小的状态向热力学概率大的状态进行。

3.(B) 解答思路:

晶格振动是以格波的形式在整个材料内传播。晶格中的所有原子以相同频率振动而形成的波,或某一个原子在平衡位置附近的振动,是以波的形式在晶体中传播,称为格波。

4.(A) 解答思路:

根据固体物理的知识,一维双原子振动,同一个波矢,对应两个不同的频率。声频模式是低频下晶体原胞内原子同向运动的振动模式;光频模式是高频下晶体原胞内原子反向运动的振动模式。

5.(D) 解答思路:

晶格振动中,原子间作用力与原子位移成正比的关系是简谐近似的结果。基于简谐近似的结果,可以获得晶格振动方程。材料宏观上所表现的各种热性能,均与晶格热振动有关,也就是将晶格点阵中的质点围绕平衡位置做微小振动视为晶格振动,相应的理论分析是基于经典理论给出的。晶格振动频率和波矢之间的关系则称为色散关系。

6. (D) 解答思路:

根据摩尔热容的定义,在没有相变或化学反应的条件下,1 mol 物质温度升高 1 K 所需的热量称为摩尔热容。在相变点附近或发生化学反应时,不满足摩尔热容的定义关系。摩尔热容的具体描述方式与物质本身所经历的热过程有关。定容情况下,获得摩尔定容热容;定压情况下,获得摩尔定压热容。两者间满足一定的转化关系,并且摩尔定容热容往往低于摩尔定压热容。

7. (A) 解答思路:

经典热容理论将晶态固体中的原子看成是彼此孤立地做热振动,认为原子振动的能量是连续的,近似地看作和气体分子的热运动相类似。

8. (B) 解答思路:

固体量子热容理论的理论出发点是能量量子化,而不是能量连续化。

9. (C) 解答思路:

爱因斯坦热容理论认为晶体点阵中的原子做独立振动,振动能量是量子化的,且所有原子振动频率都相同。根据这一假设,可使 1 mol 固体含有的内能的关系得以化简,进而得到热容随温度的变化关系。

10. (D) 解答思路:

德拜热容理论的理论假设是考虑了晶体中点阵间的相互作用及原子振动的频率范围。由此假设可以得到德拜热容的表达式,即著名的德拜三次方定律。

11. (C) 解答思路:

根据德拜热容理论,在第 Ⅱ 区的较宽温区,晶体热容与温度满足三次方定律,也就是满足德拜三次方定律。在这一区域,理论值与实验结果符合得很好。

12. (D) 解答思路:

林德曼公式给出了晶格节点最高热振动频率与熔点之间的关系。根据德拜温度的定义,进而可得到熔点与德拜温度之间的关系表达。这三个物理量越高,表示原子间结合力越大。

13. (C) 解答思路:

热力学分析可以证明,一级相变通常在恒温下发生,除体积突变外,还伴随相变潜热的发生。因此,可从现象上对相变类别进行区分。例如,纯金属的熔化、凝固;合金的共晶与包晶转变;固态合金中的共析转变;固态金属及合金中发生的同素异构转变等都属于一级相变。具有二级相变特点的相变包括:铁磁性金属加热时由铁磁相转变为顺磁相,合金中的有序 - 无序转变,以及超导转变等。

14. (D) 解答思路:

高温下,金属的热容既需要考虑晶格热振动对热容的贡献,也需要考虑自由电子对热容的贡献。

15. (A) 解答思路:

无机材料热容与温度的关系更符合德拜模型,热容的差别均反映在低温区域,高温区更符合奈曼 - 考普定律,并具有类似的经验公式。

16. (C) 解答思路:

对各向同性材料来说,体膨胀系数近似为线膨胀系数的 3 倍。对各向异性材料来说,其体膨胀系数是三个方向上线膨胀系数之和。

17.（B）解答思路：

从热膨胀的物理本质来看，固体材料点阵结构中的质点间平均距离随温度升高而增大，这源于原子的非简谐振动。

18.（D）解答思路：

热膨胀的物理本质源于原子的非简谐振动，其结果是，双原子模型中质点的振幅中心与平衡位置不重合，位于平衡位置的右侧。温度越高，振幅中心偏离平衡位置越远，越向右移。

19.（D）解答思路：

利用双原子势能模型解释热膨胀时，势能函数展开为泰勒级数后，忽略了 x 四次方以上的项，这一结果体现了非简谐近似的特点。

20.（A）解答思路：

德国物理学家格律乃森根据晶格振动理论，导出金属热膨胀系数与热容之间的关系，即物体的热膨胀系数与定容热容成正比，即满足格律乃森定律。热膨胀系数可以反映原子间结合力。通常，材料的热膨胀系数越低，其熔点越高，原子间结合力越强。对碱金属主族元素，随周期数增加，原子半径增加，原子间结合力降低，热膨胀系数增加。一般纯金属由温度 0 K 加热到熔点，其体膨胀量约为 6 %。

21.（D）解答思路：

纯铁在加热过程中会发生同素异构转变，引起点阵结构重排，导致线膨胀系数发生不连续变化。当纯铁由 α 相转变为 γ 相，晶体结构由体心立方变成面心立方，结构更加致密，因此膨胀量突变降低。而由 γ 相转变为 δ 相后，晶体结构则由面心立方变成体心立方，结构变松散，膨胀量突变增加。在升温过程中，还会发生纯铁由铁磁相向顺磁相的二级相变。

22.（B）解答思路：

多相复合材料内的组成相若发生相变，会引起热膨胀的异常。如果其中存在微裂纹，则会引起热膨胀系数的滞后。这是由于微裂纹的存在会为材料的膨胀提供额外空间，从而缓解累计在宏观上的膨胀量。

23.（D）解答思路：

因瓦合金又称为低膨胀合金，其热膨胀系数为 0 或负值。在一定温度范围内热膨胀系数基本不变的合金称为可伐合金，也就是定膨胀合金。

24.（C）解答思路：

热膨胀系数、熔点和德拜温度均可以表示原子间结合力，并且热膨胀系数越小，熔点越高，德拜温度越高，原子间结合力越强。

25.（B）解答思路：

热膨胀的本质源于原子间的非简谐振动，此时，在平衡位置左右两侧，合力随原子间距呈不对称变化。由于引力是长程力，当合力为引力时，合力曲线随原子间距变化更慢。有序结构增强了合金原子间的结合力，导致膨胀系数变小。具有正磁致伸缩效应的铁磁金属，随温度升高，其正磁致伸缩效应逐渐减弱。正磁致伸缩效应减弱引起的体积缩小超过了正常的体积受热膨胀，则会造成铁磁金属的体积收缩，因此会引起热膨胀的负反常。

26.（A）解答思路：

热导率这一物理参量反映的是稳态温度场下，热流密度与温度梯度的正比例关系，也就是满足傅里叶定律。

27.(C) 解答思路:

热扩散系数是基于非稳态导热过程中提出的,既反映了物体的热量传导变化,又反映了温度的变化关系,也就是说,热扩散系数是联系有关热量传导变化和温度变化的物理量,标志温度变化的速度。

28.(A) 解答思路:

根据热传导的微观机理,固体内参与导热的微观粒子主要包括电子、声子和光子。

29.(D) 解答思路:

对于微观粒子的导热,通常可借助理想气体的热导率公式来描述,这是一种合理的近似。对纯金属而言,电子导热是主要机制;在合金中,由于自由电子参与成键,所以声子导热作用增强;对半导体材料,同时存在声子导热和电子导热;而绝缘体则几乎只有声子导热,如果在高温下,还需要考虑光子导热对热传导的贡献。

30.(C) 解答思路:

辐射热导率与温度的三次方成正比。

31.(B) 解答思路:

维德曼－弗朗兹定律认为,金属的热导率 λ_e 和电导率 σ 的比值满足关系 $\frac{\lambda_e}{\sigma}=LT$。这一规律表明,导电性好的材料,其导热性也好。通过实验测得金属的热导率一般由电子热导率和声子热导率组成。当温度高于德拜温度时,金属热导率主要由自由电子贡献时,声子对热导率的贡献部分趋于0,此时,维德曼－弗朗兹关系成立,洛伦兹数 L 为常数。当温度远低于德拜温度时,洛伦兹数随着温度的降低而降低。而对存在缺陷或杂质的金属,在极低温下,缺陷对电子的散射占主导作用时,也满足维德曼－弗朗兹关系,此时的洛伦兹数也接近于常数。

32.(D) 解答思路:

金属热导率随温度变化的关系可以理解为:

在低温下,缺陷对电子运动的阻挡起主要作用,此时满足维德曼－弗朗兹定律,洛伦兹数 L 是常数,满足关系 $L=\frac{\lambda}{\sigma T}=\frac{\rho_r}{\omega_r T}$,由此可得,$\omega_r=\frac{\rho_r}{LT}\propto\frac{1}{T}$。因此,在低温下,残余热阻率 ω_r 与温度成反比,也就是热导率与温度呈一次方正比关系。

在高温下,声子对电子运动的阻挡起主要作用,此时同样满足维德曼－弗朗兹定律,洛伦兹数 L 也是常数,满足关系 $L=\frac{\lambda}{\sigma T}=\frac{\rho(T)}{\omega(T)\cdot T}$。由于 $\rho(T)\propto T$,因此,$\omega(T)$ 趋于常数,也就是高温下金属的热导率趋于常数。

对介于上述高低温度之间的温度,声子和缺陷对电子运动的阻挡都起作用时,声子热阻率随温度的变化呈 T^2 规律上升,缺陷热阻率随温度升高呈 T^{-1} 规律上升,即满足关系 $\omega=\omega(T)+\omega_r=\alpha T^2+\frac{\beta}{T}$。因此,该温度区间内的热导率随温度的变化是由这两部分构成的。

33.(D) 解答思路:

非晶体在高温下如果对辐射透明,也存在光子导热。

34.(B)解答思路:

溶质元素溶入形成固溶体,当合金固溶体出现有序结构时,由于点阵的周期性增强,电子运动的平均自由程增大,因此热导率比无序时明显提高。材料中存在气孔、溶质元素溶入构成连续无序固溶体及晶粒细小,都对会降低微观粒子的平均自由程,引起热导率降低。

35.(C)解答思路:

在无机材料热导率随温度的变化中,温度升高,平均自由程的减小成为热导率变化的主要因素,此时,无机材料的热导率随温度的升高而降低。温度进一步升高,平均自由程最低降到晶格间距的尺度,并且热容逐渐趋于常数时,无机材料的热导率随着温度的升高而继续降低,并逐渐趋于常数。温度进一步升高,若光子传导逐渐占主导,辐射传热开始起作用,则热导率开始升高。

36.(D)解答思路:

珀耳帖效应是塞贝克效应的逆过程。

37.(C)解答思路:

珀耳帖效应产生的原因主要与导体之间费米能级的差异有关。导体之间的接触电势差、电子逸出功与塞贝克效应相关。导体不同部位产生不同密度的自由电子与汤姆孙效应相关。

38.(D)解答思路:

汤姆孙效应产生的原因主要与导体不同部位产生不同密度的自由电子有关。

39.(A)解答思路:

塞贝克效应认为电偶回路中有温差存在时会产生电动势。金属的电子逸出功越高,电子从金属表面逸出越难。汤姆孙效应是可逆的。

40.(D)解答思路:

由中间温度定律,不同种均匀导体构成热电回路形成的总热电势,仅决定于不同材料接触处温度,与各材料内的温度分布无关。

二、判断题答案

1 ~ 5　错对对错对

6 ~ 10　错错对对错

11 ~ 15　错对错对对

16 ~ 20　对错错对对

21 ~ 25　错错错错对

26 ~ 30　对对错对对

31 ~ 35　对错错对错

【习题解答与分析】

1.(错)解答思路:

电磁波能量的量子化单元是光子,格波能量的量子化单元是声子。

4.(错)解答思路:

定容情况下,系统吸收的热量全部转变为系统的内能;定压情况下,系统吸收的热量一部分转变为系统的内能,另一部分对外做功。

6.(错) 解答思路:

经典热容理论又是元素的热容经验定律,元素单质材料的摩尔热容都近似等于25 J/(mol·K),而双原子构成的固体化合物,其摩尔热容为元素单质摩尔热容的两倍,以此类推。

7.(错) 解答思路:

摩尔定压热容往往反映的是实验值,而摩尔定容热容则反映的是理论值。对定压过程来说,系统吸收或放出的热量除了引起内能变化以外,还会造成系统对外界做功,此时的热量反映的是系统自身热焓的变化。对凝聚态物质来说,通过实验可以准确测定物质自身的焓值变化,并依此可得到物质自身的热量随温度的变化关系,因此,摩尔定压热容通常可通过实验测定,是一个实验值。对摩尔定容热容来说,如果系统内每个质点热运动的变化情况都知道,则可得到物质的摩尔定容热容,从这个角度考虑,摩尔定容热容易于进行理论分析。

10.(错) 解答思路:

爱因斯坦热容理论得到的热容值比实验值下降得更快。这是由于爱因斯坦理论忽略了每个原子和它近邻的原子之间的相互联系。

11.(错) 解答思路:

通过计算,电子热容与温度呈一次方关系。而经典的德拜三次方定律则主要反映晶格离子热容随温度的变化关系。

13.(错) 解答思路:

多相复合材料给出的热容关系指的是质量热容。

17.(错) 解答思路:

热膨胀系数可以反映原子间的结合力,热膨胀系数越低,表明原子间结合力越大,这可以从一定程度上反映材料具有更高的热稳定性。

18.(错) 解答思路:

在一个相态内,固体材料的体积会随温度升高而增大,这是正常的受热膨胀。但如果固体材料发生相变,且相变后具有更紧密的晶体结构,则相变后固体材料的体积会出现突然缩小的现象。

21.(错) 解答思路:

金属的热导率往往存在极大值。从电子运动受阻的角度考虑,在低温下,晶格振动对热阻率的贡献可以忽略,缺陷对电子运动的阻挡起主要作用,此时满足维德曼 - 弗朗兹定律,残余热阻率与温度成反比。在高温下,热振动增强,声子对电子运动的阻挡起主要作用,此时同样满足维德曼 - 弗朗兹定律,基本热阻率趋于常数。对介于上述高低温度之间的中温区,声子和缺陷对电子运动的阻挡都起作用时,声子热阻率随温度的变化呈温度的二次方规律上升,缺陷热阻率随温度升高成反比,合成后的热阻率与温度的关系式由这两项的和组成,此时,金属的热阻率往往存在最小值,即其热导率存在最大值。

22.(错) 解答思路:

辐射热导率 λ_r 用于描述介质中辐射能的传递能力,主要取决于辐射能传播过程中光子的平均自由程 l_r。对于辐射线是透明的介质,热阻很小,l_r 较大;对于辐射线不透明的介质,l_r 很小;对于完全不透明的介质,$l_r = 0$,在这种介质中,辐射传热可以忽略。

23.（错）解答思路：

根据传热学知识，黑体辐射能量与温度呈四次方关系，这就是著名的斯蒂芬四次方定律。对辐射热导率来说，通过计算，辐射热导率与温度呈三次方关系。

24.（错）解答思路：

导温系数即热扩散系数，根据定义：$\alpha = \dfrac{\lambda}{\rho c}$，导温系数的单位是 $m^2 \cdot s^{-1}$。

28.（错）解答思路：

合金的热导率较纯金属低。金属的导热机制主要是电子导热。而在合金中，由于自由电子参与成键，所以声子导热作用增强，进而降低了合金的热导率。

32.（错）解答思路：

塞贝克效应产生的原因是两接触点在不同温度下的接触电势不同。

33.（错）解答思路：

珀耳帖效应的产生源于导体之间的费米能级的差异。当电子在导体中运动，若从高费米能级导体向低费米能级导体运动时，电子能量降低，向周围放出多余的能量，出现放热现象；反之则出现吸热现象。当电流反向后，放热和吸热现象发生反向。

35.（错）解答思路：

汤姆孙效应产生的原因，与不同温度下、同一导体不同部位产生不同密度的自由电子有关。当金属中存在温度梯度时，形成由高温端指向低温端的温差电势差。当施加与电势差同向的外加电流时，自由电子从低温端向高温端流动，同时，还被温差电势差产生的电场所加速。此时，电子获得的能量除一部分用于运动到高端以外，剩余的能量将通过电子与晶格的碰撞传递给晶格，从而使整个金属温度升高并放出热量，造成低温端放热。当外加电流与电势差反向时，电子被温差电势差产生的电场减速。电子与晶格碰撞时，从金属原子处获得能量，使晶格能量降低，整个材料温度降低，并从外界吸收热量。

三、问答题

1. 解答思路：

（1）热力学第一定律：热力学第一定律是能量守恒与转化定律，即系统从外界吸收的热量等于系统内能的改变与系统对外界做功之和。

（2）热力学第二定律：热力学第二定律又称熵增原理，该定律表明，对不可逆等温过程，熵的增加量大于系统吸收的热量与热力学温度之比；对于可逆过程，熵的增加量等于该比值。也就是，在自然过程中，一个孤立系统的总混乱度不会减小。

（3）格波：晶格中的所有原子以相同频率振动而形成的波，或某一个原子在平衡位置附近的振动，是以波的形式在晶体中传播，称为格波。

（4）声子：格波能量的量子化单元称为声子。

（5）光子：电磁波能量的量子化单元称为光子。

（6）声频支：同一个波矢，对应两个不同的频率。其中，低频率下的格波称为声频支或声频模式。声频模式下，原胞内原子振动的方向相同，反映了原子的整体运动，可代表原胞的整体运动。

（7）光频支：同一个波矢，对应两个不同的频率。其中，高频率下的格波称为光频支或光频模式。光学模式下，邻近不同电荷离子的运动几乎成反向运动。对不同电荷离子来说,这引起电偶极矩变化,容易产生电磁场。

(8) 摩尔定压热容:在恒压下测得的摩尔热容称为摩尔定压热容,反映的是实验值。

(9) 摩尔定容热容:在恒定体积下测得的摩尔热容称为摩尔定容热容,反映的是理论值。

(10) 德拜温度:德拜温度的表达式为 $\Theta_D = \frac{h\nu_m}{k_B}$,即晶格节点最高热振动频率对应的能量 $h\nu_m$ 与玻耳兹曼常数 k_B 的比值,可在一定程度上反映原子间结合力。

(11) 奈曼 - 考普定律:奈曼 - 考普定律认为,合金的摩尔定压热容是每个组成元素的摩尔定压热容与其原子分数的乘积之和。

(12) 线热膨胀系数:表示温度升高 1 ℃ 时物体的相对伸长量。

(13) 体膨胀系数:表示温度升高 1 ℃ 时物体体积的相对增长量。

(14) 简谐振动:在双原子模型中,原子间的引力和斥力对称变化,振子所受合力与位移成正比,振动中心与平衡位置重合。

(15) 非简谐振动:在双原子模型中,原子间的引力和斥力不对称变化,振动中心与平衡位置不重合,在平衡位置的右侧。

(16) 傅里叶定律:稳态温度场中,固体中的热流密度与温度梯度呈正比,即满足关系 $q = -\lambda \frac{dT}{dx}$。

(17) 热导率:在稳态温度场中,热流密度与温度梯度之间的正比例系数称为热导率,是一个反映材料自身导热能力的物理参量。

(18) 热扩散系数:又称导温系数,满足关系 $\alpha = \frac{\lambda}{\rho c}$,在非稳态导热过程中标志温度变化的速度。在相同加热和冷却条件下,α 越大,物体各处温差越小。

(19) 热阻率:表征材料对热传导的阻隔能力,其数值为热导率的倒数。

(20) 维德曼 - 弗朗兹定律:室温下,维德曼 - 弗朗兹定律认为金属的热导率 λ_e 和电导率 σ 的比值满足关系 $\frac{\lambda_e}{\sigma} = LT$。这一规律表明,导电性好的材料,其导热性也好。

(21) 洛伦兹数:在维德曼 - 弗朗兹定律中,热导率 λ_e 和电导率 σ 的比值满足关系 $\frac{\lambda_e}{\sigma} = LT$,其中 L 为洛伦兹数,表征费米面上的电子参与的物理过程。在高温下和极低温度下,洛伦兹数 L 是常数。

(22) 塞贝克效应:当两种不同材料 A 和 B 组成回路,且两接触处温度不同时,则在回路中存在电动势,这种效应称为塞贝克效应。

(23) 珀耳帖效应:当有电流通过不同的导体组成的回路时,除产生不可逆的焦耳热外,在不同导体的接头处随着电流方向的不同会分别出现吸热、放热现象,这种效应称为珀耳帖效应。

(24) 汤姆孙效应:如果在存在温度梯度的均匀导体中通有电流时,导体中除了产生不可逆的焦耳热外,还要吸收或放出一定的热量,这一现象称为汤姆孙效应。

(25) 电子逸出功:电子克服原子核的束缚,从材料表面逸出所需最小能量。电子逸出功越小,电子从材料表面逸出越容易。

(26) 中间温度定律:不同种均匀导体构成热电回路形成的总热电势,仅决定于不同材料接触处温度,与各材料内的温度分布无关。

(27) 中间导体定律:若在热电回路中串联一均匀导体,且使串联导体两端无温度差,则串联导体对热电势无影响。

(28) 热电优值:热电优值满足关系 $ZT = \frac{S_{AB}{}^{2}\sigma T}{\lambda}$,可用来表示材料的热电特性或评价热电材料的热电转换效率,是衡量热电材料性能优劣的指标。

2. 解答思路:

材料热性能的物理本质是晶格热振动,即晶格点阵中的质点围绕平衡位置做微小振动。

双原子点阵振动时,同一个波矢,对应两个不同的频率,分别称为声频支和光频支。低频率下,原胞内原子振动方向相同为声学模式,反映了原子的整体运动;高频率下,原胞内原子振动方向相反为光学模式,反映了原子的相对运动。

3. 解答思路:

在分析热容机理时,杜隆 - 珀替理论基于经典热容理论提出,该理论假设将晶态固体中的原子看成是彼此孤立地做热振动,并认为原子振动的能量是连续的,把晶态固体原子的热振动近似地看作和气体分子的热运动相类似。计算得到固体的热容是一个与温度无关的常数,也称元素的热容经验定律。爱因斯坦热容理论考虑了在固体热容理论中引入点阵振动能量量子化的概念,即晶体点阵中的原子做相互无关的独立振动,振动能量是量子化的,且所有原子振动频率都相同。德拜热容理论考虑了晶体中点阵间的相互作用及原子振动的频率范围。

4. 解答思路:

对摩尔定容热容来说,由于定容过程不对外做功,根据热力学第一定律可知,此时系统吸收或放出的热量实际反映的是系统内能的变化,此时,如果能把定容情况下系统内每个质点热运动的变化情况都了解,则可以获得物质的摩尔定容热容。从这个角度考虑,基于定容热容讨论物质的微观热运动情况具有很强的理论意义,即摩尔定容热容易于进行理论分析,是一个理论值。而对定压过程来说,系统吸收或放出的热量除了引起内能变化以外,还会造成系统对外界做功,定压情况下的热量变化实际反映的是系统自身热焓的变化。对凝聚态物质来说,通过实验可以准确测定物质自身的焓值变化,即可以获得物质自身的热量随温度的变化关系。因此,摩尔定压热容通常可通过实验测定,是一个实验值。摩尔定压热容和摩尔定容热容之间还可以实现相互转换。

5. 解答思路:

金属的摩尔定容热容由两部分组成,即包括原子振动对热容的贡献,满足温度的三次方定律,以及自由电子对热容的贡献,满足与温度的一次方关系。这两者的和,即为金属的热容随温度的关系。在高温下,当电子和原子振动对热容的贡献均起作用时,金属的热容是原子振动和自由电子对热容的贡献之和。在一般温区,自由电子对热容的贡献可以忽略不计,此时,金属的热容满足德拜三次方定律。在极低温区,由于原子热振动很弱,金属的热容主要以自由电子的贡献为主,此时,满足一次方定律。

无机材料主要由离子键和共价键组成,室温下几乎无自由电子,所以无机材料的热容与温度的关系符合德拜三次方定律。

化合物的摩尔定压热容等于各组成元素的摩尔分数与摩尔定压热容乘积之和,其计算关系式满足奈曼-考普定律的形式。

6. 解答思路:

热膨胀系数较低时,热容、熔点、德拜温度均较高,这几个参数均可用于表示原子间结合力。

7. 解答思路:

固体材料的热膨胀本质,归结为点阵结构中的质点间平均距离随温度升高而增大,来自原子的非简谐振动。当温度由 T_1 升高到 T_2 时,振幅相应增大,相应的振动中心向右偏移,导致原子间距增大,宏观上造成材料在该方向的膨胀。

8. 解答思路:

对于铁磁性金属和合金,膨胀曲线随温度变化具有明显的反常现象,包括热膨胀系数曲线向上偏离正常热膨胀曲线的正反常和热膨胀系数曲线向下偏离正常热膨胀曲线的负反常。引起这一热膨胀反常的原因,与铁磁体自身在自发磁化中产生的磁致伸缩效应有关。例如,对具有负的磁致伸缩系数的 Ni 和 Co 来说,在居里点以下,自发磁化过程中原子磁矩的同向排列使具有负磁致伸缩效应的 Ni 和 Co 产生体积收缩。随温度升高,自发磁化效果变弱,负磁致伸缩效应随温度的升高逐渐消失,Ni 和 Co 逐渐释放因自发磁化引起的体积收缩,产生额外的体积膨胀。加之材料本身因温度升高引起的热膨胀,综合这两种体积膨胀效果,热膨胀系数随温度的变化关系曲线偏离正常的规律,产生正膨胀反常。当温度高于居里点后,Ni 和 Co 由铁磁相变为顺磁相,磁致伸缩效应完全消失,只存在正常的热膨胀,热膨胀系数随温度的关系曲线回归正常的热膨胀规律。对具有正磁致伸缩系数的 Fe 而言,在居里点以下,自发磁化过程中原子磁矩的同向排列使其已经处于体积膨胀状态。温度升高后,正磁致伸缩效应逐渐消失,从而导致原子间距减小。这一减小程度超过铁本身因受热引起的正常原子间距的增大程度,从而出现负膨胀反常现象。温度高于居里点后,同样由于铁磁相变为顺磁相,磁致伸缩效应完全消失,热膨胀系数随温度的关系回归正常的热膨胀规律。

9. 解答思路:

负热膨胀现象产生的机理主要分为两类:一类由热振动引起,称为声子驱动型机理,主要由一些低频声子激发促使负热膨胀产生,通常发生在框架结构类型的化合物中;另一类由非热振动引起,称为电子驱动型机理,主要是热致电子结构的变化引起负热膨胀,大体分为磁结构相变、铁电自发极化、电荷转移等。

10. 解答思路:

热传导的物理本质是由晶格振动的格波和自由电子的运动来实现热能的传递,包括电子导热、声子导热和光子导热。可借助理想气体的热导率公式,近似描述固体材料中电子、声子、光子的导热机制。

在电子导热中,电子的平均自由程是影响电子热导率的主要因素,并且平均自由程完全由自由电子的散射过程决定。从平均自由程考虑,电子在运动中受到阻碍,则产生热阻。如果金属晶体点阵完整,电子运动不受阻碍,电子的平均自由程无穷大,此时热导率也无穷大。如果金属晶体中存在杂质和缺陷,点阵发生畸变,则电子运动受到阻碍,此时存在热阻,从而降低电子的热导率。

大多数非金属材料的导热过程中,温度不太高时,声子导热的作用增强,声频支格波起作用。声子间碰撞引起的散射是晶格中热阻的主要来源。如果晶格上质点各自独立振动,格波间没有相互作用,声子间互不干扰,则没有声子碰撞,没有能量传递,声子可在晶格中畅通无阻,此时热阻为 0。但实际上,晶格热振动时,格晶间有着一定的耦合作用,声子间会产生碰撞,造成声子平均自由程减小。格波间相互作用越强,声子间碰撞的概率越大,声子的平均自由程减小越多,则热导率越低。另外,晶体中的各种缺陷、杂质及晶粒界面都会引起格波的散射,也等效于声子平均自由程的减小,从而降低热导率。

光子传热实际就是辐射传热,是物体之间相互辐射和吸收的总效果。只要物体的温度高于 0 K,物体总是不断地把热能转变成辐射能,并向外发射热辐射。同时,物体也不停地从周围吸收投射到它上面的热辐射,并把吸收的辐射能转变为热能。当物体中相邻体积单元间存在温度梯度时:高温区,体积单元辐射出的能量大于吸收的能量;低温区,体积单元辐射出的能量小于吸收的能量,这样,温度从高温区传向低温区,出现辐射传热现象。光子热导率的大小主要取决于辐射能传播过程中,光子的平均自由程。对于辐射线是透明的介质来说,热阻很小,光子的平均自由程较大;对于辐射线不透明的介质,光子的平均自由程较小;对于完全不透明的介质,光子的平均自由程等于0,此时,辐射传热可以忽略。

11. 解答思路:

(1) 金属产生电阻的根本原因是电子散射。

(2) 电阻率与温度的关系:当 $T > \frac{2}{3}\Theta_D$,$\rho_T = \rho_0(1 + \alpha T)$,电阻率正比于温度。当 $T \ll \Theta_D$,$\rho \propto T^n$,多数金属 $n = 5$,满足格律乃森五次方定律。当温度 $T < 2$ K,$\rho \propto T^2$。接近0 K,部分金属的电阻率为0。

电阻率与压应力的关系:三向等静压可导致电阻率减小。

电阻率与溶质原子:当形成固溶体时,合金导电性能降低。

12. 解答思路:

纯金属内部存在大量自由电子,自由电子是参与导热的主要粒子。在合金中,由于自由电子参与成键,声子导热作用增强,进而降低了合金的热导率。因此,合金的热导率较纯金属低。

13. 解答思路:

热导率 λ_e 与电导率 σ 满足维德曼 - 弗朗兹定律:$\frac{\lambda_e}{\sigma} = LT$。式中,$L$ 为洛伦兹数。维德曼 - 弗朗兹定律说明导电性好的材料,导热性也好。

在高温下,如 $T > \Theta_D$ 时,金属热导率主要由自由电子贡献时,$\frac{\lambda_{ph}}{\sigma T} \to 0$,维德曼 - 弗朗兹关系成立;在低温下,由于缺陷对电子的散射,使满足维德曼 - 弗朗兹关系也成立。维德曼 - 弗朗兹关系成立时,洛伦兹数为常数。

14. 解答思路:

金属的热容要考虑自由电子对热容的贡献,即满足关系

$$C_{V,m} = C_{V,m}^{A} + C_{V,m}^{e} = \alpha T^3 + \gamma T$$

低温下,由于晶格振动很小,可只考虑电子对热容的贡献;一般温区,由于 $C_{V,m}^{A} > C_{V,m}^{e}$,可忽略电子的贡献,只考虑晶格振动;高温区,晶格振动和电子对热容的贡献均不可忽略,满足 $C_{V,m} = \alpha T^3 + \gamma T$。

15. 解答思路：

在温度不太高的范围内，热导率关系满足声子热导率的一般形式。典型无机材料热导率随温度的变化关系如解答图4.1所示。

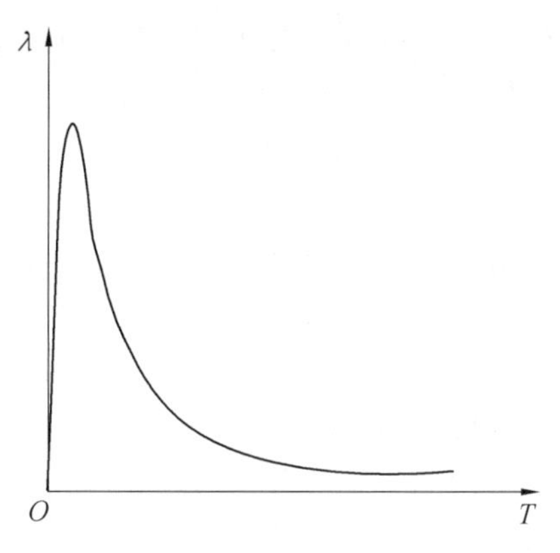

解答图4.1

在低温下，声子传导占主导，此时，热容与温度的三次方成正比，声子平均运动速度近似为常数，声子的平均自由程上限为晶粒大小，并且随着温度的升高而逐渐下降。因此，在低温下，无机材料的热导率主要受热容的影响，近似与温度的三次方成正比，随着温度的升高而上升。当温度升高，平均自由程的减小成为热导率变化的主要因素，此时，无机材料的热导率随着温度的升高而降低。温度进一步升高，平均自由程最低降到晶格间距的尺度，并且热容逐渐趋于常数，此时，无机材料的热导率随着温度的升高而继续降低，并逐渐趋于常数。温度进一步升高，光子传导逐渐占主导，辐射传热开始起作用，因而其热导率开始增加。

16. 解答思路：

（1）无机材料在晶态和非晶态时的热导率随温度变化的差异如解答图4.2所示。

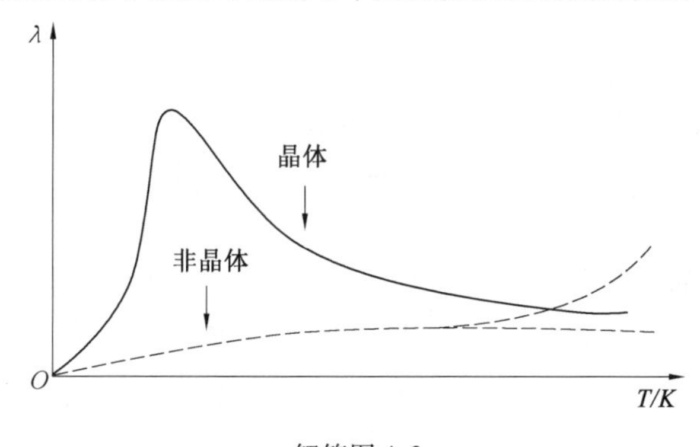

解答图4.2

这些差异主要体现在：非晶体热导率在低温时比晶体小，晶体和非晶体热导率在高温时接近，非晶体热导率没有峰值。

（2）主要原因：① 对无机非金属晶体材料来说，在极低温度时，由于声子平均自由程达到上限，因此基本无变化，而热容在极低温度下与温度的三次方成正比，因此随温度升高，热导率迅速增大；温度继续升高后，声子平均自由程减小，热容随温度变化缓慢，因此随温度升高，热导率逐渐下降；当温度升高到一定值时，声子平均自由程达到下限，热容趋于常数，因此随温度升高，热导率变化极缓；在更高温度时，光子导热占主导，即热辐射传导对热导率有贡献，因此，随温度升高，热导率呈上升趋势。② 对非晶体材料来说，由于非晶体的平均自由程小于晶体，其热导率在所有温度下均小于晶体材料；非晶体材料在低温阶段，光子贡献忽略，声子导热占主导，热导率随温度变化遵循热容随温度变化的规律，即热导率随温度升高而增大，且其热导率和晶体在高温时接近；非晶体热导率没有峰值。如果非晶体材料对辐射透明，则高温时非晶体热导率继续升高。

17. 解答思路：

金属材料的三种热电效应分别是：塞贝克效应、珀耳帖效应、汤姆孙效应。

（1）塞贝克效应：当两种不同材料（导体或半导体）组成回路，且两接触处温度不同时，在回路中存在电动势。

（2）珀耳帖效应：当有电流通过不同的导体组成的回路时，除产生不可逆的焦耳热外，在不同导体的接头处随着电流方向的不同会分别出现吸热、放热现象。

（3）汤姆孙效应：如果在存在温度梯度的均匀导体中通入电流时，导体中除了产生不可逆的焦耳热外，还要吸收或放出一定的热量。

18. 解答思路：

（1）塞贝克效应产生的原因在于两种金属接触时产生的接触电势差，该电势差取决于两种金属中的电子逸出功及有效电子密度。当两种不同的金属导体接触时，如果金属 A 的逸出功大于金属 B 的逸出功，自由电子将易于从金属 B 中逸出进入金属 A。此时，金属 A 的电子数目大于金属 B 的电子数目，从而使金属 A 带负电荷，金属 B 带正电荷，存在电势差。如果金属 A 中的自由电子数大于金属 B 中的自由电子数，则接触面上会发生电子扩散，从而使金属 A 失去电子而带正电，金属 B 获得电子而带负电。由于在 AB 接触面形成了电场，这一电场将阻碍电子的继续扩散。如果此时达到动态平衡，则在接触区形成稳定的接触电势。接触电势的大小与温度有关。对于由金属 A 和金属 B 构成的回路，如果 AB 两个接触点具有不同的温度，则两接触点的接触电势不同，因而在两接触点处会产生接触电势差，从而在环路内形成电流。

（2）珀耳帖效应产生的原因主要与导体之间费米能级的差异有关。电子在导体中运动形成电流，当从高费米能级导体向低费米能级导体运动时，电子能量降低，便向周围放出多余的能量，即出现放热现象；相反，从低费米能级导体向高费米能级导体运动时，电子能量增加，从而向周围吸收能量，即出现吸热现象。这样便实现了能量在两材料的交界面处以热的形式吸收或放出的现象。当电流反向后，放热和吸热现象则发生反向。

（3）汤姆孙效应产生的原因与不同温度下、同一导体不同部位产生不同密度的自由电子有关。当金属中存在温度梯度时，形成由高温端指向低温端的温差电势差。当施加与电势差同向的外加电流时，自由电子从低温端向高温端流动，同时，还被温差电势差产生的电场所加速。此时，电子获得的能量除一部分用于运动到高端所需的能量以外，剩余的能量将通过电子与晶格的碰撞传递给晶格，从而使整个金属温度升高并放出热量，造成低温端放热。当外加电流与电势差反向时，电子被温差电势差产生的电场减速。电子与晶格碰撞时，从金属原子处获得能量，从而使晶格能量降低，整个材料温度降低，并从外界吸收热量。

19. 解答思路：

差热分析（DTA）是在程序控温下，测量物质和参比物的温度差 ΔT 与温度 T（或时间 t）

关系的一种测试技术。实验中，将位于炉内处于相同环境下的试样和参比物共同加热升温，示差热电偶检测试样和参比物之间的温度差ΔT。在热过程中，若试样不产生相变，则试样温度应与参比物温度相同，记录系统不指示任何示差电动势。若试样产生相变，则试样温度应与参比物温度不相同，记录系统将记录温度差ΔT随时间或温度的变化关系，由此获得$\Delta T - T$的DTA曲线。若试样具有与参比物不同的吸热或放热效应，或存在相变潜热，则在DTA曲线中出现相应的吸热峰或放热峰，从而引起曲线发生明显的凸凹。通常，DTA曲线吸热峰或放热峰所包含面积，即DTA曲线和基线之间的面积大小与热过程中的热焓呈正比。

20. 解答思路：

差示扫描量热分析（DSC）是在程序控温下，测量输入物质和参比物的功率差与温度关系的一种技术。实验中，当试样在加热过程中由于热效应与参比物之间出现温度差ΔT时，通过差热放大电路和差动热量补偿放大器调整试样的加热功率。当试样吸热时，补偿放大器使试样一边的电流立即增大；反之，当试样放热时，参比物一边的电流增大，直到两边热量平衡，温度差ΔT为0。由此可从补偿的功率直接计算热流率$\frac{dH}{dt}$，即补偿功率ΔW。通过控制试样及参比样的补偿加热功率，保持两者的温度始终高精度相等，记录补偿功率ΔW与温度T的曲线，由此获得DSC曲线。

21. 解答思路：

热分析方法在材料研究中的应用主要包括：比热容的测定、合金相图的建立、居里点的测定、测定高聚物玻璃化转变温度、高聚物结晶行为的研究、热固性树脂固化过程的研究、合金的有序－无序转变研究等。

22. 解答思路：

（1）共析碳钢在加热过程中，未达到共析温度前，热膨胀曲线随温度增加而升高，即Δl随温度升高而增大，对应珠光体自身的热膨胀。当达到共析温度时，发生恒温下的共析转变，属于一级相变，此时将发生由珠光体向奥氏体的转变，即由体心立方点阵结构向面心立方转变。由于面心立方点阵结构排列更紧密，因此会造成宏观上材料体积的收缩。当共析转变完全后，奥氏体仍会继续随着温度的升高而发生膨胀，即Δl随温度升高继续正常增大。

（2）两种方法绘制的相变临界点位置如解答图4.3所示。利用极值法，则相变临界点分别在膨胀曲线的极值位置，如图中a点和a'点。利用切线法，则相变临界点分别在偏离正

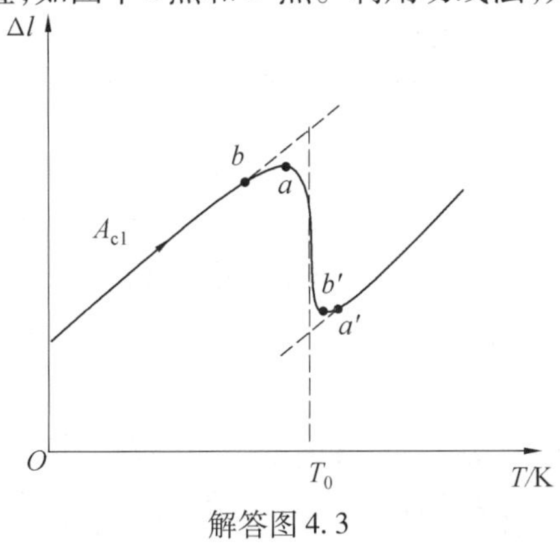

解答图4.3

常膨胀曲线的切点处，如图中 b 点和 b' 点。

(3) 根据热膨胀曲线判断所发生的相变为一级相变，即相变在恒温下发生。此时热容随温度的变化会在相变温度发生突变。热容和热膨胀系数随温度变化曲线示意图如解答图4. 4 所示。

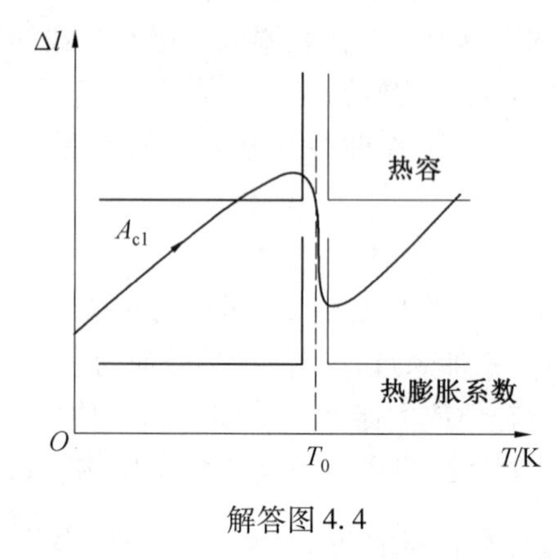

解答图 4. 4

23. 解答思路：

(1) 曲线在温度 T_1 ~ T_2 之间出现下降的原因可能与材料发生二级相变有关，比如有序－无序转变或铁磁性向顺磁性转变等。热膨胀系数随温度的变化关系如图4. 5 中的曲线 1 所示。

(2) 弹性模量随温度的变化关系如解答图 4. 5 中的曲线 2 所示。在低于 T_1 时，由于温度升高，原子间距离增大，原子间结合力降低，因此弹性模量随温度升高而降低。在 T_1 ~ T_2 之间，由于材料发生相变，体积收缩，致密度增大，原子间结合力增加，因此弹性模量随温度升高而升高。在高于 T_2 时，又恢复到与低于 T_1 时相同的状态，弹性模量随温度升高而降低。

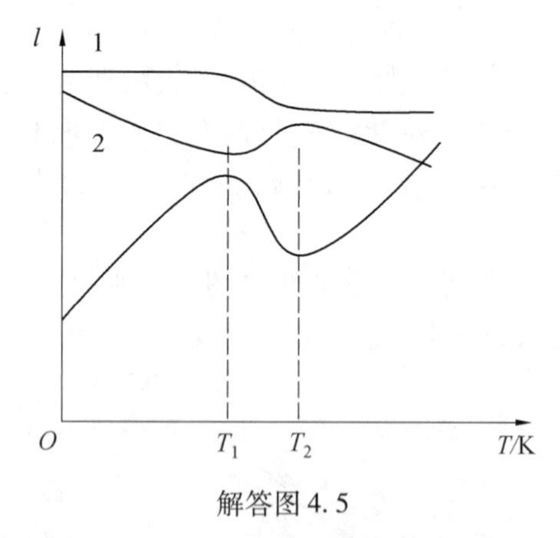

解答图 4. 5

(3) 固体材料的热膨胀本质，归结为点阵结构中的质点间平均距离随温度升高而增大，来自原子的非简谐振动。当温度由 T_1 升高到 T_2 时，振幅相应增大，相应的振动中心（平均位置）向右偏移，导致原子间距增大，宏观上造成材料在该方向的膨胀。可从力和势能两个角度分析：

① 原子之间存在引力和斥力。由于受力的不对称性，质点振动的平均位置不在 r_0 处，而向右移，相邻质点间的平均距离增加。温度升高，不对称性越大，平衡位置右移越多，平

均距离越大。

②从势能角度看,当对势能 $U(x)$ 按泰勒级数展开,由于双原子相互作用的势能呈不对称曲线变化,因此只能对其忽略四次方以上的高阶小,保留三次方关系。当温度升高时,这种不对称性才能体现出来。

第 5 章　材料的光学性能

一、单项选择题答案

1 ~ 5　BDACC

6 ~ 10　BBBCD

11 ~ 15　BADAD

16 ~ 20　DCBAD

21 ~ 25　ACBAD

【习题解答与分析】

1.(B) 解答思路:

光是一种电磁波。光波仅是电磁波中很小的一部分。光在真空中的传播速度是常数。介质的折射率越大,光在介质中的传播速度越小。实际讨论光波时,由于磁场作用很小,往往只考虑电场的影响。折射率 n 满足关系 $n=\sqrt{\varepsilon_r\mu_r}$,这说明 n 既反映电极化的特性,也反映磁的特性,因此是一个同时反映光电场和磁场作用的物理量。

2.(D) 解答思路:

光与固体作用产生电子极化和电子能态转变。

3.(A) 解答思路:

折射率 n 满足关系 $n=\sqrt{\varepsilon_r\mu_r}\approx\sqrt{\varepsilon_r}$,这说明 n 既反映电极化的特性,也反映磁的特性,但由于通常忽略磁场的影响,因此折射率通常反映材料的极化能力,折射率随介电常数的增大而增大。材料越致密,折射率越大。另外,根据光在介质中的传播速度的关系 $v=\frac{c}{\sqrt{\varepsilon_r\mu_r}}=\frac{c}{n}$ 可知,折射率越小,光在介质中的传播速度越大。

4.(C) 解答思路:

在分析折射率影响因素时,若因素造成极化能力增强(即介电常数增大),则折射率增大,光密介质的折射率越大,反之亦然。根据这一分析思路,沿垂直拉应力方向和沿晶体密堆积程度的方向均引起材料由疏变密,因此折射率较高。介质材料的离子半径增大,离子间结合力降低,极化能力增强,折射率增大。高温时,材料膨胀,致密度降低,折射率降低。

5.(C) 解答思路:

光从光密介质进入光疏介质,当入射角达到某一临界值 θ_c 时,折射角等于 90°,此时有一条很弱的折射线沿界面传播。若入射角大于 θ_c,则入射光能全部回到光密介质,称为全反射或全内反射。这个临界角 θ_c 则称为全反射临界角。

6. (B) 解答思路:

根据吸收率 A 的定义:$A = \frac{I_0 - I}{I_0}$,表示经过一定厚度的材料后,光强被吸收的比率。光强的变化与光通过材料的厚度有关。

7. (B) 解答思路:

激发态电子从高能级回到低能级属于光子能量的释放,不是光子的吸收。

8. (B) 解答思路:

电介质在红外光区和紫外光区发生的光吸收原因分别对应的是振动跃迁和电子跃迁。

9. (C) 解答思路:

不考虑散射的情况下,材料透光性主要考察材料对光的吸收。任何物质只对特定波长范围表现为透明。金属导带上的电子容易吸收可见光光子,因此金属对可见光不透明。无机电介质为绝缘体,可见光作用于电介质不足以使其满带顶端的电子跨过宽的禁带到达导带,不存在光的吸收,因此大多数无机电介质在可见光区是透明的。半导体的禁带宽度可能跨过可见光能级范围,因此对可见光具有选择性吸收,呈带色透明。

10. (D) 解答思路:

色散是材料的折射率随入光频率减小(或波长增加) 而减小的性质。光色散的本质是光的折射。用于描述色散的物理量是色散率,即在给定入射光波长的情况下,介质的折射率随波长的变化率。折射率是波长的函数,即介质在不同波长下具有不同的折射率。这些色散曲线主要满足的规律是:同一材料,波长越短,折射率越大,波长越短,色散率越大;不同材料、同一波长,折射率越大则色散率越大。当然,不同材料的色散曲线间,并不存在简单的数量关系。

11. (B) 解答思路:

拉曼散射属于非弹性散射。

12. (A) 解答思路:

弹性散射:散射前后,光的波长(或光子能量) 不发生变化的散射。非弹性散射:散射前后,光的频率或能量发生变化的散射。与弹性散射相比,非弹性散射通常弱几个数量级,因而常被忽略。从散射光的强度看,瑞利散射最强,拉曼散射最弱。另外,出现在瑞利线低频一侧的散射线统称为斯托克斯线,在瑞利线高频侧的散射线统称为反斯托克斯线。拉曼散射和布里渊散射均可产生斯托克斯线和反斯托克斯线。

一般来说,介质的折射率越大,色散越严重,阿贝数越小。

13. (D) 解答思路:

当散射粒子的直径与辐射的波长相当时发生的弹性散射现象称为米氏散射。米氏散射产生的散射与波长的关系不大,适合于任何尺度粒子,几乎所有波长的光都有米氏散射。当粒子直径相对于波长很小时,则可利用瑞利散射近似地解决问题。

14. (A) 解答思路:

材料的透光性需要考虑材料的散射系数、吸收系数和反射系数。色散系数是表示透明介质光线色散能力的指数,是对光学色差的度量。

15. (D) 解答思路:

电子极化是光作用于物体后产生的一个结果,与光子能量的释放无关。

16.(D) 解答思路:

热辐射只与辐射体的温度和发射本领有关,是一种将热能转化为光能的发光形式。除了热的形式以外,由外界激发引起的发光都是冷发光。

17.(C) 解答思路:

除了热的形式以外,由外界激发引起的发光都是冷发光。根据被激发的方式分类,主要包括光致发光、阴极射线致发光、电致发光、固态照明等。以通电加热形式的发光属于热辐射。

18.(B) 解答思路:

半导体发光二极管的发光机制属于复合发光。

19.(A) 解答思路:

在物体发光的微观过程中,若激发的能量转变为热能,则发生无辐射跃迁,此时不发光。

20.(D) 解答思路:

激光器的主要组成包括激活介质、激励能源、光学谐振腔,分别对应实现粒子数翻转、为激活介质提供能源、实现激光的光学要求,这满足了激光器的基本要求。

21.(A) 解答思路:

若要实现光的放大,就要使粒子系统在热平衡条件下,受激辐射的概率大于自发辐射的概率,即使受激辐射粒子数占主导地位。其关键在于设法突破玻耳兹曼分布,使高能级的粒子数多于低能级的粒子数,也就是实现粒子数反转。

22.(C) 解答思路:

受激辐射是一个共振或相干的过程,即一个入射光子将被放大为两个。受激辐射发生时,处在高能级上的激发态粒子受到一个光子的诱导,使该粒子从高能级跃迁到低能级,并发射两个与其性质完全相同的光子,即在受激辐射过程中,一个入射光子同时诱发产生两个同相位、同频率的光子,若这一过程继续发生,则入射光子的数目成等比级数放大。因此,受激辐射出的光子具有极窄的光频率和极高的光强度。受激辐射是产生激光的必要条件之一。

23.(B) 解答思路:

物体发光的微观过程中,根据激发光子能量与发射光子能量间的差异,可以大致分为三种情况:如果发射光子的能量小于激发光子的能量,则发射多频率光子;如果发射光子的能量与激发光子的能量相同,则称为共振荧光;如果激发的能量转变为热能,那么属于无辐射跃迁过程,此时不发光。

24.(A) 解答思路:

受激吸收是固体吸收一个光子的过程。当入射光子被低能级上的粒子所吸收时,该粒子将从低能级跃迁至相应高能级,这一粒子吸收光子能量从低能级激发到高能级的过程就是受激吸收。

25.(D) 解答思路:

当某种常温物质经某种波长的入射光照射,吸收光能后进入激发态,退激发后在短时间(通常为 10^{-8} s) 内发出的光就是荧光。一旦停止入射光的照射,荧光发光现象也随即消失。当激发的电子从导带回到价带时,时间相对较短,并发射出相应频率的光子。

二、判断题答案

1 ~ 5　对错错对对
6 ~ 10　对对错错对
11 ~ 15　对错错错对
16 ~ 20　对错错错对

【习题解答与分析】

2.(错) 解答思路：

外加应力会改变物质的折射率,内应力造成材料中原子堆积越致密,折射率越大,反之亦然。

3.(错) 解答思路：

对具有负折射率的材料来说,光的入射线和折射线位于法线的一侧。

8.(错) 解答思路：

可见光的波长范围为0.39 ~ 0.77 μm,根据关系式 $E_g = \frac{1.24}{\lambda}$,计算得到可见光禁带宽度 E_g 的范围为1.8 ~ 3.1 eV。

9.(错) 解答思路：

当散射中心尺寸远小于入射光波长时(通常小于波长的1/10),散射线的强度与入射光波长的四次方成反比,称为瑞利散射。当散射中心尺寸与入射光波长相当时发生米氏散射。

12.(错) 解答思路：

气孔的存在会引起材料散射系数的增加,因此会降低材料的透光性。

13.(错) 解答思路：

如果两点间的距离小于0.2 μm,光学显微镜则无法分辨这两点,这就是阿贝极限。

14.(错) 解答思路：

金属在可见光不透明和电介质在紫外光区不透明的原因都是电子跃迁。电介质在红外光区不透明的原因是振动跃迁。

17.(错) 解答思路：

冷发光是利用化学能、电能、光能等激发的发光形式,与热能无关。

18.(错) 解答思路：

在光频波段的两个能级中,高能级的原子密度总是远小于低能级的原子密度,而受激辐射产生的光子数与受激吸收的光子数之比等于高、低能级粒子数之比,所以受激辐射微乎其微,以至长期没有被察觉。要使受激辐射占主导地位,关键在于设法突破玻耳兹曼分布,使高能级的粒子数多于低能级的粒子数,也就是设法实现粒子数反转。

19.(错) 解答思路：

物体发光的微观过程中,如果发射光子的能量小于激发光子的能量,则发射多频率光子。

三、问答题

1. 解答思路:

(1) 折射率:折射率反映了材料的电磁结构在光波电磁场作用下的电极化性质或介电性质,电极化程度越高,折射率越大,造成光波传播速度越慢。

(2) 双折射现象:当光进入非均质介质时,一般分为振动方向相互垂直、传播速度不同、折射率不同的两种偏振光,这种现象称为双折射现象。

(3) 全反射:光从光密介质进入光疏介质,若入射角大于临界值,则入射光能全部回到光密介质,称为全反射。

(4) 朗伯特定律:表示光强随传播距离呈指数式衰减,满足关系 $I = I_0 e^{-\alpha l}$。

(5) 布格定律:光在均匀纯净介质中吸收和散射时,满足布格定律,即 $I = I_0 e^{-(\alpha+s)l}$,α 和 s 分别为吸收系数和散射系数。

(6) 色散:材料的折射率随入光频率减小(或波长增加)而减小的性质。

(7) 阿贝极限:如果两点之间的距离小于0.2 μm,光学显微镜则无法分辨这两点,这就是阿贝极限。

(8) 弹性散射:散射前后,光的波长(或光子能量)不发生变化的散射。

(9) 非弹性散射:散射前后,光的频率或能量发生变化的散射。

(10) 瑞利散射:当散射中心尺寸远小于入射光波长时(通常小于波长的1/10),散射线的强度与入射光波长的四次方成反比,称为瑞利散射。

(11) 米氏散射:当散射粒子的直径与辐射的波长相当时发生的散射称为米氏散射。

(12) 丁达尔散射:当散射中心的尺寸大于入射光波长时,散射光强度与入射光波长无关,具有这种特征的散射称为丁达尔散射。

(13) 拉曼散射:分子或点阵振动的光学模对光波的非弹性散射。

(14) 布里渊散射:点阵振动的声学模对光波的非弹性散射。

(15) 热辐射:平衡辐射的性质只与辐射体的温度和发射本领有关,称为热辐射,是一种将热能转化为光能的发光形式。

(16) 冷发光:在外界激发下,物体偏离原来的热平衡态,继而发出辐射,称为冷发光,属于非平衡辐射。冷发光的外界激发形式是指除了热的形式以外的各种化学反应、电能、亚原子运动或作用于晶体上的应力等方式。

(17) 荧光:当某种常温物质经某种波长的入射光照射,吸收光能后进入激发态,退激发后在短时间(通常为 10^{-8} s) 内发出的光就是荧光。一旦停止入射光的照射,发光现象也随即消失。

(18) 磷光:在退激发后停止一段时间才发出的光,属于一种缓慢发光的光致冷发光现象。当入射光停止后,发光现象持续存在。

(19) 余晖时间:发光体在激发停止后持续发光的时间称为发光寿命,也称余晖时间。

(20) 分立中心发光:被激发的电子没有离开发光中心而回到基态产生的发光形式就是分立中心发光。

(21) 复合发光:电子被激发到导带时在价带上留下一个空穴,当导带的电子回到价带与空穴复合时,便以光的形式放出能量,这就是复合发光。

(22) 受激辐射:受激辐射是一个共振或相干过程,即一个入射光子被放大为两个。

(23) 激活介质:激活介质是实现粒子数反转的物质体系,具有亚稳能级,能使受激辐射占主导地位,实现光的放大。

(24) 粒子数反转:突破玻耳兹曼分布,使高能级的粒子数大于低能级的粒子数,其结果是使受激辐射占主导。

(25) 电光效应:电光效应是在外加电场的作用下介质折射率发生变化的现象,也称电致双折射效应。

(26) 光弹效应:由外加应力引起的折射率变化现象,称为光弹效应,也称弹光效应或应力双折射效应。

(27) 声光效应:声光效应是指光通过某一受声波(如超声波)扰动介质时发生的衍射现象,这是光波与介质中声波相互作用的结果。

(28) 光敏效应:又称光电导效应,属于光电效应的一种表现形式。在光敏效应中,被光激发产生的电子逸出物质表面形成电子的现象称为外光电效应;被光激发所产生的载流子(自由电子或空穴)仍在物质内部运动称为内光电效应。其中,造成物质电导率发生变化的现象属于光电导效应,而使物质不同部位之间产生电位差的现象属于光生伏特效应,又称光伏效应。

2. 解答思路:

答:光子与固体材料相互作用,实际上是光子与固体材料中的原子、离子、电子等的相互作用,出现的重要结果是:(1) 电子极化,即造成电子云和原子核电荷重心发生相对位移;(2) 电子能态转变,即能量为 $\Delta E = h\nu$ 的光子能被该原子通过电子能态转变而吸收;激发状态会衰变回基态,同时放射出电磁波。

3. 解答思路:

影响折射率的因素主要有:

(1) 构成材料元素的离子半径:半径越大,n 越大。因为半径越大,物体在电场中越容易极化,即 ε 越大,所以 n 越大。

(2) 材料的结构、晶型和非晶态:对各向同性材料,材料只有一个 n,材料的晶体结构越疏则 n 越小。对各向异性材料,存在双折射现象,材料有两个 n。对正常的 n 来说,材料的晶体结构越疏则 n 越小。

(3) 材料所受内应力:应力造成结构变疏,则该方向的 n 变小。具体来说,与拉主应力垂直的方向,由于原子间距变小,结构变致密,因此该方向 n 变大。沿拉主应力的方向,原子间距变大,结构变疏,该方向 n 变小。

(4) 同质异构体:相态使结构变疏,则 n 越小。比如,高温后材料受热膨胀,则结构变疏,n 变小。

4. 解答思路:

根据布格定律 $I = I_0 e^{-(\alpha+s)l}$,将该公式两边取对数,则 $\ln\frac{I}{I_0} = -(\alpha + s)l$。由此,可以得到:$\alpha + s = \frac{1}{l}\cdot\ln\frac{I_0}{I} = \frac{1}{0.005}\cdot\ln\left(\frac{1}{1-0.3}\right) \approx 71.3(\text{m}^{-1})$。因此,吸收系数和散射系数之和等于 71.3 m^{-1}。

5. 解答思路:

金属的能带结构是存在未填满的导带。导带上有很多空能级。当光照射金属后,导带上能量高的电子(或费米面附近的电子)很容易吸收能量被激发到更高能级,因此金属可以吸收可见光,所以不存在透射现象。当电子从激发态回到基态,释放相应能量的光子,这些光子的波长若在可见光区,则为反射光。

非金属的能带结构是在价带和空带间存在禁带。若光的能量大于禁带宽度,则非金属价带顶端电子可吸收光的能量越过禁带到达空带底部,此时非金属不透明;若光的能量小于禁带宽度,则非金属价带顶端电子即使可吸收光的能量也只能到达禁带中间的能级区,所以实际不可能吸收光子能量,此时非金属透明。

由于半导体禁带宽度窄,可见光部分波段能量大于禁带宽度,所以半导体往往对可见光部分透过(或选择透过)。由于电介质(或绝缘体)禁带宽度宽,可见光能量小于禁带宽度,可见光能量不可被电介质吸收,所以陶瓷往往对可见光透明。紫外光区光子能量大于电介质的禁带宽度,紫外光能量可被电介质吸收,因此电介质在紫外光区不透明。另外,由于电介质的固有振动频率位于红外光频率区,所以电介质在红外光区也存在吸收,这与振动跃迁有关。

若非金属中存在杂质或缺陷,则电介质借助禁带中的杂质或缺陷能级,也可实现对光子能量的吸收,因此不透明。

6. 解答思路:

设强度为I_0的平行入射光通过厚度为l的均匀介质。光通过一段距离x后,强度减弱为I。再通过一个极薄的薄层dx后,强度变为$(I + dI)$。此时,入射光强的减少量$\frac{dI}{I}$与吸收层的厚度dx之间成正比,即

$$\frac{dI}{I} = -\alpha dx$$

对该式在介质厚度范围内积分,则

$$\int_{I_0}^{I} \frac{dI}{I} = -\alpha \int_0^l dx$$

将积分式求解后,可得

$$I = I_0 e^{-\alpha l}$$

这就是描述光强度随厚度变化的朗伯特定律。该定律说明,光强度随传播距离呈指数式衰减。

7. 解答思路:

弹性散射:散射前后,光的波长(或光子能量)不发生变化的散射。

非弹性散射:散射前后,光的频率发生变化。

弹性散射的散射光强度受波长和散射中心尺度的影响分为三种类型:

(1) 丁达尔散射:散射光波长远小于散射中心,此时散射光强度与散射中心尺寸无关。

(2) 米氏散射:散射光波长接近散射中心,此时$\sigma = 0 \sim 4$。

(3) 瑞利散射:散射光波长远大于散射中心,此时$\sigma = 4$,即$I_s = \lambda^{-4}$。

8. 解答思路:

金属对可见光不透明,只有厚度小于0.1 μm的金属箔才能透过可见光。由于金属费米能级以上有许多空能级,具有各种不同能量的光子都能被吸收,使电子激发至更高能级,引起电子能态转变,因此金属对所有的低频电磁波都是不透明的。大部分被金属吸收的光

会从表面以同样波长的光波发射出来,电子从激发态返回到基态,从而表现为反射光。不同的金属材料可反射不同波长的可见光,因而材料表现出不同的颜色。

9. 解答思路:

由于金属的费米能级以上有许多空能级,因而各种不同频率的可见光(即具有各种不同能量的光子)都能被吸收,因此在可见光区是不透明的。金属在紫外区会出现吸收峰,这是由光电效应引起的。在红外波段内,大部分被金属材料吸收的光会从表面以同样波长的光波发射出来,表现为反射光。

半导体和绝缘体价带顶端到空带底部之间存在禁带。半导体的禁带窄,可见光能量如果大于禁带宽度,则可吸收,反之则不可吸收,因此半导体对可见光区存在选择性吸收现象。与金属相似,半导体在紫外区也会出现由光电效应引起的吸收峰。绝缘体的禁带宽度大,只有紫外光能量能使电子越过禁带,产生吸收,发生电子跃迁,因而绝缘体对可见光透明。在红外光谱范围内,由于红外光区的光频率往往与物质分子中某些基团的固有振动频率或转动频率一致,能引起谐振,从而造成物质可吸收红外光能量发生振动和转动能级的跃迁。

10. 解答思路:

影响材料透光性的因素主要有散射系数 R、吸收系数 α、散射系数 s,这三个参数由材料本身性质决定。折射率 n 和表面光洁度是影响 R 的主要因素。由于陶瓷材料可见光吸收系数 α 低,因而不是影响透光性的主要因素;材料宏观及显微缺陷、晶粒的排列方向以及气孔的大小和比例等影响散射系数 s。

11. 解答思路:

影响陶瓷透明性的因素主要包括以下几点:

(1) 晶体结构的影响。

对各向异性的多晶体来说,光从一个晶体穿过晶界进入另一个晶体,由于双折射现象会产生散射,从而降低光的透过性,因此晶体的双折射必须很小。立方晶系具有光学各向同性,在所有方向上折射率均相同,无双折射产生,因此立方晶系的多晶陶瓷透明度很高。正方晶系、三方晶系、六方晶系的晶体为一轴各向异性晶体,由于存在双折射和晶界反射现象,透光性较差。单斜晶系、三斜晶系、正交晶系的晶体为二轴各向异性晶体,双折射和晶界反射现象更明显,透光性更差,甚至不透光。但是,对有些各向异性晶体而言,由于主折射率差别小,晶界处界面反射损失不足以对透光性造成影响,也具有较高的透明度。另外,晶体结构中的各种缺陷对光学透过性影响很大,比如氧空位、位错、晶体表面的生长条纹和晶粒结晶方向等都是影响透明度的不利因素。

(2) 原材料的纯度、粒度和分散性。

透明陶瓷的透过性对杂质第二相敏感,这与杂质作为光的散射中心,从而加强散射有关,所以在选择或制备原料时,尽可能降低原料的杂质含量,提高原料的化学纯度。在原材料颗粒尺寸分布均匀性的前提下,原材料的粒度要求有一个适当范围,过细的颗粒易团聚、吸附异质分子,会导致陶瓷密度低,但过大的颗粒往往不利于透明陶瓷的烧结,并且会使陶瓷的机械强度降低。同时,原料颗粒应保持高度分散,避免存在大尺寸二次团聚颗粒。另外,颗粒的形状、流动性、成型时的素坯密度均匀性等都会对陶瓷烧结的致密化过程产生影响。

(3) 原料的相组成。

制备透明陶瓷时,在保证烧结活性足够的前提下,原料中的相组成应尽量单一,容易保证烧结后透明陶瓷单一的相组成。少量添加剂的引入,一方面可以使烧结过程中出现少量液相,降低烧结温度;另一方面,添加剂在多晶陶瓷的界面上,抑制晶界的迁移和晶粒生长,使微气孔有足够的时间依靠晶界扩散而被排除,有利于得到致密的、透光性好的透明陶瓷。这些添加剂虽然用量少,但要求分散均匀,并完全溶于主相结构,并不生成第二相物质,确保整个陶瓷体系的单相性。

(4) 烧结制度。

一般而言,透明陶瓷的烧结温度更高才能排除气孔,达到透明化烧结的目的。最高烧结温度要根据烧结材料的目标性能和坯体的性能及坯体大小来确定。同时,需要控制升温速率,确保坯体的均匀加热,准确控制晶体生长速度和晶粒尺寸,达到消除气孔的目的。保温时间按照晶粒大小和气孔多少而定,冷却制度的确定以陶瓷无变形且无内应力为准。另外,透明陶瓷需要在真空、氢气氛或其他气氛中烧成。

(5) 陶瓷微观结构和表面加工光洁度。

光线入射到粗糙表面会发生漫反射,反射越明显,则透过率越低,因此需要对陶瓷表面进行研磨和抛光。经表面研磨处理后的陶瓷,透过率可提高为50% ~ 60%,抛光后透过率可达到80%。

12. 解答思路:

闪烁材料是一种新型光功能晶体材料,可以将高能射线或粒子有效地转换为可见光或紫外光。产生紫外光或可见光的过程称为闪烁。

闪烁材料在吸收高辐照能时发生复杂的物理过程,这一过程可分成三个连续不断的亚过程,即转化、输运和冷发光。

在初始的能量转化过程中,闪烁材料的晶格吸收外来高能粒子或射线的能量后,通过光电效应、康普顿散射效应和电子对产生等过程,会产生初级电子和空穴。初级电子和空穴再经过弛豫,产生大量的空穴、二次电子和等离子体等粒子。被电离的电子通过辐射跃迁放出特征 X 射线光子,或以非辐射跃迁将能量传递给其他电子产生二次电子。二次电子和初级电子通过声子振动或电子散射的方式进行弛豫,特征 X 射线也可以被吸收产生新的空穴和自由电子,所产生的二次电子或空穴再进行下一轮的弛豫和电离,产生更低能量的电子或空穴,一直到不能够产生下一次电离时结束。在该阶段,电子和空穴分别弛豫到闪烁材料的导带底和价带顶,最终形成一定数量的能量的热化电子 - 空穴对。

在输运过程中,电子和空穴由于库仑作用形成电子 - 空穴对(即激子),并会在缺陷处被捕获,造成向发光中心的延缓迁移。电子和空穴会在某些缺陷处发生非辐射复合等现象,造成能量损失,也有部分被前陷阱捕获的电子或空穴跳出陷阱被重新输运到发光中心。这些缺陷(如反位缺陷、空位、杂质离子等点缺陷,位错、晶界等线缺陷及面缺陷等)的类型及相对含量主要取决于材料的制备工艺。

在最后的冷发光阶段,电子 - 空穴对在发光中心复合发光,即发光中心顺序俘获载流子,并发出光子的过程。

13. 解答思路:

热辐射属于平衡辐射的范畴,其性质只与辐射体的温度和发射本领有关。热辐射造成材料发光,主要与材料所处的环境温度有关。材料开始加热时,电子被激发到较高能级,当电子跳回正常能级时，发射出低能长波光子，波长位于红外波段。当温度继续升高时，热激活增加，发射高能光子增加。温度高于一定程度，发射的光子可能包括可见光波长光子，即可看到热辐射。

与热辐射相对应，冷发光是指在外界激发下，如果物体偏离原来的热平衡态，继而发出的辐射，属于非平衡辐射。产生冷发光的外界激发，是指除了热的形式以外的，各种化学反应、电能、亚原子运动或作用于晶体上的应力等方式。这个过程与热辐射发光相区别，称为冷发光。

14. 解答思路：

自发辐射是当电子受激进入激发态后，电子自发地从激发态回到基态时，固体发射一个光子的过程。受激辐射是处于激发态的电子在外界辐射场的诱发下跃迁回到低能级，并伴随辐射发光的现象，是一个共振或相干过程，通常由一个入射光子被放大为两个。

15. 解答思路：

分立中心发光是指被激发的电子没有离开发光中心，而回到基态产生的发光形式。发光中心激发的电子不会离开该发光中心。复合发光时电子的跃迁涉及固体的能带。由于电子被激发到导带时在价带上留下一个空穴，因此，当导带的电子回到价带与空穴复合时，便以光的形式放出能量。

16. 解答思路：

三能级激光器的工作机理是：对激活介质在一定能源的激励下，粒子从基态被激发到激发态。处于激发态的粒子，除了一部分粒子能以自发辐射形式回到基态，另一部分则能迅速通过无辐射跃迁降落到亚稳态能级，并可在亚稳态能级存在较长的时间。此时，激活介质自身提供了能够实现粒子聚集并满足粒子数反转的物质条件。处于亚稳态能级上的粒子在光子的引发下能从高能级跃迁至基态，并释放出波长分布窄的相应激光，进而实现了光的放大。

17. 解答思路：

激光器的组成主要包括：(1) 激活介质（或工作介质），工作介质具有亚稳能级使受激辐射占主导地位，从而实现光放大；(2) 激励能源，工作介质吸收外来能量后激发到激发态，为实现并维持粒子数反转创造条件；(3) 光学谐振腔，腔内的光子有一致的频率、相位和运行方向，从而使激光具有良好的定向性和相干性。

18. 解答思路：

泡克尔斯效应和克尔效应都是电光效应，即在外加电场的作用下介质折射率发生变化的现象。

从理论上，折射率 n 随外加电场 E 的变化而变化满足以下关系

$$n - n^0 = \frac{\alpha}{n^0}E + \frac{3\beta}{2n^0}E^2 + \cdots = aE + bE^2 + \cdots$$

式中　n^0 为外加电场为零时的折射率。

根据该式，等式右侧的 aE 为一次项，由此项引起的折射率的变化称为一次电光效应，也称为泡克尔斯效应或线性电光效应；而由等式右侧 bE^2 二次项引起的折射率的变化称为二次电光效应，也称为克尔效应或平方电光效应。这就是泡克尔斯效应和克尔效应理论差异的来源。

泡克尔斯效应表明，介质在恒定或交变电场下会产生光的双折射效应，是一种线性的

电光效应,其折射率的改变和所加电场的大小成正比。泡克尔斯效应发生在不具有中心对称的一类晶体中,这些晶体本身对光是各向同性的,但外加电场可以造成晶体结构的不对称性,进而引起晶体的双折射现象。克尔效应则发生在具有中心对称或结构任意混乱的介质中,这些介质并不具有泡克尔斯效应。泡克尔斯效应存在于晶体结构非对称的压电类晶体中,而克尔效应则存在于所有物质之中。泡克尔斯效应要比克尔效应更显著,通常只讨论线性的泡克尔斯效应。

19. 解答思路:

布拉格衍射和拉曼 - 奈斯衍射都属于声光效应,两者根据超声波频率的高低和声光作用长度的不同进行区分。

当超声波的频率较高时,若入射光波长远大于超声波波长,则介质折射率随晶格位置的周期性变化会起到超声光栅的作用,产生光的衍射。若光线以与超声波面成布拉格角度方向入射,则发生与晶体X射线衍射完全相同的情况,即产生布拉格衍射。当超声波的频率较低时,若入射光平行于声波面入射时,可产生多级衍射,即拉曼 - 奈斯衍射,此时,以入射光前进方向的0级衍射光为中心,产生呈对称分布的 ±1 级、±2 级等高次衍射光。

20. 解答思路:

金属的吸收峰位于可见光区。对金属而言,由于费米能级以上有许多空能级,因而各种不同频率的可见光,即具有各种不同能量的光子都能被吸收,金属对所有的低频电磁波(从无线电波到紫外光)都是不透明的。

电介质紫外区吸收的原因是,波长短,光子能量大,当光子能量达到介质禁带宽度时,电子吸收光子能量从满带跃迁到导带,吸收系数增大,这体现了电子跃迁。而在可见光区,介质禁带宽度大于可见光区的光子能量,此时,电子不能吸收光子能量从满带跃迁到导带,电介质因而在可见光区透明。

电介质红外区吸收的原因是,离子的弹性振动与光子辐射发生谐振消耗能量,即发生声子吸收(晶体振动),这体现了振动跃迁。

21. 解答思路:

金属、半导体和电介质从红外波段到紫外波段范围内光谱吸收峰的位置如解答图 5.1 所示。

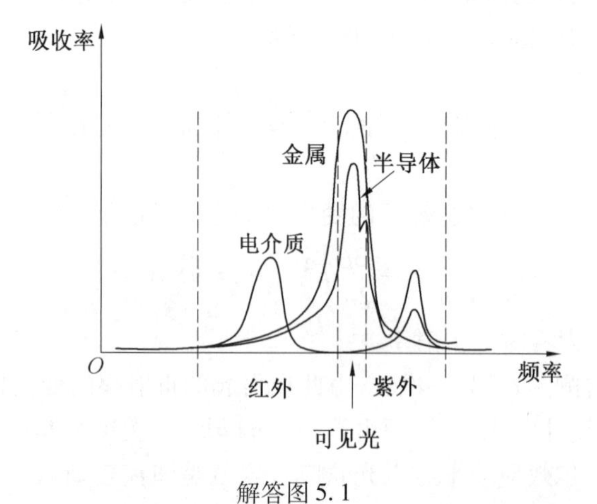

解答图 5.1

电介质紫外区吸收原因:波长短,光子能量大,当光子能量达到介质禁带宽度时,电子吸收光子能量从满带跃迁到导带,吸收系数增大,体现电子跃迁。

电介质红外区吸收原因:离子的弹性振动与光子辐射发生谐振消耗能量,即发生声子吸收(晶体振动),体现振动跃迁。

金属的吸收峰主要位于可见光区。对金属而言,由于费米能级以上有许多空能级,因而各种不同频率的可见光,即具有各种不同能量的光子都能被吸收,金属对所有的低频电磁波(从无线电波到紫外光)都是不透明的。

半导体的吸收峰在可见光区具有选择性吸收。这是由于半导体材料禁带宽度窄在可见光区,如果光的能量足以使电子越过禁带进入导带,则发生吸收,否则不吸收。在红外波段范围内,与电介质的吸收原理一致。

第6章　材料的磁学性能

一、单项选择题答案

1 ~ 5　BCABD
6 ~ 10　DCADD
11 ~ 15　BDBAD
16 ~ 20　CDABC
21 ~ 25　ADBDA
26 ~ 30　CCDBA
31 ~ 35　DBDCA
36 ~ 40　CDBDA
41 ~ 45　BCACD

【习题解答与分析】

1.(B) 解答思路:

磁感应强度是用来描述磁场强弱和方向的物理量,单位为特斯拉(T)。磁感应强度的大小可用洛伦兹力来度量,即单位电荷以单位速度沿垂直于磁场方向运动所受到的最大洛伦兹力就是磁感应强度。磁感应强度还可反映单位面积上磁通量的概念,也被称为磁通量密度或磁通密度,单位为韦伯/平法米(Wb/m^2)。磁通量的单位是韦伯(Wb)。

2.(C) 解答思路:

真空磁场中的真空磁感应强度满足:$B_0 = \mu_0 H$;有磁介质的磁场中的附加磁感应强度满足:$B' = \mu_0 M$;B 与 M 和 H 的关系满足:$B = B_0 + B' = \mu_0 H + \mu_0 M = \mu_0 (H + M) = \mu H$。

3.(A) 解答思路:

磁矩是表征物质磁性强弱和方向的基本物理量,由环电流产生,为矢量,其定义为 $m = IS$,单位为 $A \cdot m^2$。磁矩的方向符合右手定则。

4.(B) 解答思路:

磁介质放入磁场被磁化时,磁介质受磁场影响,会沿其截面边缘形成磁化电流。磁化电流形成的附加磁场方向与磁介质有关。例如,对于顺磁材料来说,附加磁场方向与外加磁场方向一致;而对抗磁质来说则正好相反。

5.(D) 解答思路:

宏观物质的磁性是构成物质原子磁矩的集体反映。原子的磁矩包括原子核磁矩、电子轨道磁矩和电子自旋磁矩。其中,原子核磁矩是表征原子核磁性大小的物理量,由于其数值小,通常可忽略不计。电子绕核运动,犹如环形电流,产生电子轨道磁矩。电子自旋运动产生电子自旋磁矩。由于电子磁矩比原子核磁矩大3个数量级,因此,宏观物质的磁性主要由电子磁矩所决定。通常,将电子轨道磁矩和电子自旋磁矩认为是原子的本征磁矩,也称为原子的固有磁矩。

6.(D) 解答思路:

抗磁性是运动的电子在磁场中受电磁感应而表现出的属性,是电磁感应定律的反映。由于抗磁性是电子轨道运动感应产生,所以物质的抗磁性普遍存在。抗磁性是所有物质都有的特性,这与组成物质原子中的电子轨道运动感应有关。只有固有磁矩等于0的物质,才能称为抗磁性物质。

7.(C) 解答思路:

材料的顺磁性来源于原子的固有磁矩,即固有磁矩不为零。而凡是电子壳层被填满了的物质则属于抗磁性物质。材顺磁性物质的磁化率为正值,且数值很小,所以也是一种弱磁性。通常,顺磁性物质的磁化率是抗磁性物质磁化率的$1\sim10^3$倍,所以在顺磁性物质中,其抗磁性被掩盖了。由于热运动影响原子磁矩排列,因此温度对顺磁性的影响较大。

8.(A) 解答思路:

磁感应强度B和磁场强度H都可以表示空间某点的磁场。两者的不同点在于,磁感应强度B是真实存在的物理量,可以利用实验测出。H则是导出量,是为了数学上求解问题简便而引出的物理量。从安培环路定理的角度来说,B是在空间上包含了传导电流和磁化电流的情况下求出的,而H是将磁化电流折合之后计算出的。

9.(D) 解答思路:

由于热运动影响原子磁矩排列,因此温度对顺磁性的影响较大。对于某些顺磁体来说,其磁化率与温度呈倒数关系,符合居里定律。而还有相当多的固溶体顺磁物质,特别是过渡族金属元素的磁化率和温度的关系需用居里－外斯定律来表达。

10.(D) 解答思路:

磁化强度和磁场强度之间的比例系数是磁化率;磁感应强度和磁场强度之间的比例系数是磁导率;而抗磁体的磁化率小于0。

11.(B) 解答思路:

在磁滞回线中,若要使剩磁回到0,则必须要施加一个反向的磁场强度H_C,这个使材料内部磁矩矢量重新为0所需要施加的反向磁场H_C称为矫顽力。在磁滞回线中,原点和磁滞回线与横轴H的交点间的距离就是矫顽力H_C的大小。

12.(D) 解答思路:

退磁过程中,M落后于H的现象称为磁滞。

13.(B) 解答思路:

在磁单晶体的不同晶向上磁化,会得到不同的磁化曲线,反映出不同的磁性能,称为磁晶各向异性。磁体从退磁状态磁化到饱和状态,磁化曲线与磁化强度轴之间所包围的面积,就是磁化场对磁体磁化过程所做的功的大小,即磁化功。

14.(A) 解答思路:

沿磁体不同方向,从退磁状态磁化到饱和状态,磁化曲线与磁化强度之间所包围的面积大小不同,即沿磁体不同方向,磁化场对磁体磁化过程所做的功的大小不同。其中,将沿磁体不同方向磁化到饱和状态所需的磁场能最小的方向称为易磁化方向或易磁化轴;与此相对的,所需要的磁场能最大的方向称为难磁化方向或难磁化轴。一般来说,密排六方点阵的对称性差,磁晶各向异性常数大。

晶体场对电子运动状态的影响是引起磁晶各向异性的主要原因。在铁磁晶体中,电子的轨道运动受各向异性的晶体场作用,被束缚在晶格的某一方向上,失去了在空间取向的各向同性。同时,也会对电子自旋磁矩的取向产生影响,导致磁晶各向异性。

15. (D) 解答思路:

铁磁体在磁场中具有的能量通称为静磁能,包括磁场能和退磁能。

16. (C) 解答思路:

磁体在外磁场磁化时,其表面会出现磁极,使磁体内部存在与磁化强度方向相反的退磁场,起着减退磁化的作用,出现退磁能。在均匀磁化下,磁体退磁场(或退磁能)的大小与磁体形状和磁极强度有关。退磁场的作用,使不同形状的铁磁体有着不同的磁化曲线,出现铁磁体的形状各向异性现象。从铁磁体形状上看,环状试样具有最低的磁化功,而粗短棒状试样的磁化功最高。

17. (D) 解答思路:

磁致伸缩是铁磁体在磁化状态发生变化时,其自身产生的大小或形状发生的弹性形变的现象。磁致伸缩系数用来表示铁磁体在磁化状态发生变化时引起的磁致伸缩的大小,反映的是磁场作用下的应变关系。磁化时,磁体沿磁场方向尺寸可能增大也可能缩小,相应地,存在正磁致伸缩系数或负正磁致伸缩系数。磁致伸缩现象出现的原因是,原子磁矩有序排列时,电子间的相互作用导致原子间距调整,是材料内部各个磁畴形变的宏观表现。

18. (A) 解答思路:

磁体在磁化时发生磁致伸缩,如果磁体的形变受到限制,则在磁体内产生应力,相应地将产生磁弹性能。通常,磁体内部的各种缺陷和杂质等,都可能增加其磁弹性能。由于磁弹性能是磁化时引起的附加能量,是磁化过程的阻力。对一个各向同性,且处于饱和磁化的磁体来说,单位体积中的磁弹性能满足关系:$E_\sigma = \frac{3}{2}\lambda_s \sigma \sin^2\theta$。从该式可以看出,磁弹性能 E_σ 与材料所受的应力 σ、饱和磁致伸缩系数 λ_s 的乘积成正比,并且随着应力与磁化方向的夹角 θ 而变化。

19. (B) 解答思路:

磁体内的应力会引起磁化的各向异性,出现应力磁晶各向异性。通常,将拉应力视为正应力($\sigma > 0$),压应力则视为负应力($\sigma < 0$)。当正磁致伸缩系数($\lambda_s > 0$) 的材料处于拉应力的作用下,当 $\theta = 0°$ 时能量最小。此时,材料的磁化强度将转向拉应力方向,加强了拉应力方向的磁化。负磁致伸缩系数的材料在拉应力下,$\theta = 90°$ 时能量最小。此时,材料的磁化强度将转向垂直于拉应力的方向,减弱了拉应力方向的磁化。在压应力下,正、负磁致伸缩系数的材料与此正好相反。

20. (C) 解答思路:

磁滞现象是铁磁性和亚铁磁性材料的一个重要特征。顺磁体和抗磁体则不具有这一现象。磁滞是磁化强度或磁感应强度落后于磁场强度的结果。磁体磁化后退磁,由于磁化强度或磁感应强度落后于磁场强度,退磁曲线与磁化曲线不重合。磁体磁化一周所消耗的功是磁滞损耗,磁滞回线所包围的面积是磁滞损耗的大小。

21. (A) 解答思路:

实验表明,磁畴磁矩源于电子自旋磁矩。

22.（D）解答思路：

法国物理学家外斯的分子场理论指出，铁磁体内部存在强大的分子场，在分子场的作用下，即使无外磁场，原子磁矩也自发趋于同向平行排列，称为自发磁化。自发磁化的小区域称为磁畴，每个磁畴的磁化均达到磁饱和。实验表明，磁畴磁矩源于电子的自旋磁矩。

23.（B）解答思路：

根据研究结果，形成铁磁性满足的两个条件是：在原子的电子壳层中，必须存在没有被电子填满的状态，这是产生铁磁性的必要条件；形成晶体时，原子间键合作用是否对形成铁磁体有利，这是产生铁磁性的充分条件。必要条件实际与顺磁性产生的条件相同，也就是原子中是否存在电子填满的状态，要求物质首先不能是抗磁性体。充分条件实际满足交换积分大于0时产生铁磁性。

24.（D）解答思路：

交换作用产生的附加能量称为交换能，满足关系 $E_{ex} = -A \cdot \cos\varphi$。该式表明，交换能的正负取决于 A 和 φ。当 $A > 0$、$\varphi = 0°$ 时，E_{ex} 负值最大，相邻自旋磁矩同向平行排列能量最低，具有自发磁化特征，产生铁磁性；当 $A < 0$、$\varphi = 180°$ 时，E_{ex} 负值最大，相邻自旋磁矩反平行排列能量最低，产生反铁磁性。交换能的作用是使磁矩取向一致。

25.（A）解答思路：

相邻磁畴的界限称为畴壁，是相邻磁畴之间的一个过渡区，具有一定的厚度。根据畴内磁矩转动方式的不同，把畴壁分为布洛赫畴壁和奈耳畴壁。布洛赫畴壁中的磁矩，在转动过程中始终平行于畴壁平面。而奈耳畴壁的磁矩，则始终与薄膜上下表面平行，且上下表面无磁荷，只在畴壁两侧产生磁荷。从能量角度看，畴壁的出现，会引起畴壁能的增加。研究表明，畴壁能与壁厚的关系是交换能与磁晶各向异性能相互竞争的结果。

26.（C）解答思路：

电子轨道运动感应产生抗磁性，物质的抗磁性普遍存在。无永久磁矩的物质为抗磁体。存在永久磁矩的物质根据磁矩排列方式可进行物质的区分。铁磁体由于自发磁化的作用，磁矩同向排列，宏观上呈现高的磁化特性。反铁磁体相邻原子磁矩反向平行排列且大小相等，因此，磁矩可相互抵消，自发磁化强度为0，宏观上表现出很弱的磁化特性；亚铁磁体的相邻原子磁矩也呈反向平行排列，但大小不等，因此磁矩不能抵消，宏观上可以表现出与铁磁体相似的磁化特性；直到温度高于居里点或奈耳点，热运动完全破坏了原子磁矩的规则取向，也就是有序磁矩变为无序状态，此时，这三种磁特性均可转变为顺磁性。

27.（C）解答思路：

磁畴形成过程中，磁体自发磁化至饱和，沿易磁化方向排列能量最小，磁体表面形成磁极，但会同时出现退磁能，使能量增大。此时，只有形成多畴以降低退磁能。因此，减少退磁能是分畴的动力，但分畴又引起畴壁能的增加，畴壁数目或磁畴尺寸的大小，取决于由退磁能的降低和畴壁能增加共同决定的能量最小的条件。形成封闭畴结构具有封闭磁通的作用，使退磁能等于0，但必然会引起磁致伸缩的不同，使磁弹性能和磁晶各向异性能增大。最终，只有当铁磁体内各种能量之和具有最小值时，才能形成稳定的平衡态磁畴结构。因此，磁畴的形成是各种能量相互制约的结果。

28.（D）解答思路：

畴壁厚度是交换能与磁晶各向异性能平衡的结果。

29.(B) 解答思路:

奈耳点附近发生反铁磁态与顺磁态间的相转变,属于二级相变。

30.(A) 解答思路:

除了最初氢原子自身的库仑作用外,还会产生新的静电作用,包括核与电子间的新的库仑作用,以及电子自旋相对取向的作用,后者反映了两氢原子中电子交换位置而产生的相互作用能,称为交换积分,是决定氢分子能量最小化的关键。和氢分子一样,其他物质中也存在着静电交换作用。交换积分是决定自旋平行或自旋反平行稳定态的关键。如果在交换作用下,相邻原子间电子自旋平行排列时,构成稳定物质的能量最低,则该物质具有自发的铁磁性特征。通过掺杂改变点阵常数,可实现非铁磁性转变成铁磁性。

31.(D) 解答思路:

技术磁化的过程主要包括磁化过程和反磁化过程两种方式。磁化过程是在外磁场作用下,磁性材料从磁中性状态发生磁化状态的变化,直至所有磁畴的磁化强度都达到外加磁场方向的磁饱和状态的过程。反磁化过程则是磁性材料从一个方向的磁饱和状态,施加反向磁场后,被磁化到另一个方向的磁饱和状态的过程。从理论上讲,技术磁化主要通过畴壁迁移和磁畴旋转两种方式进行。在磁化过程中,这两种方式单独起作用,也可能同时起作用。外加磁场则是引起是畴壁迁移和磁畴旋转的动力。

32.(B) 解答思路:

铁磁体磁化时得到的磁化曲线可基本分为 3 个阶段,即可逆畴壁位移阶段、不可逆畴壁位移阶段、可逆转动与趋近饱和阶段。可逆畴壁位移阶段,铁磁体自发磁化方向与外加磁场呈锐角的磁畴将发生扩张,如果去除外加磁场,磁畴结构和宏观磁化状态都将恢复到原始状态。不可逆畴壁位移阶段中,与磁场呈钝角的磁畴瞬时转为呈锐角的易磁化方向,畴壁发生瞬时的巴克豪森跳跃,宏观上表现出剧烈的磁化。如果此时减弱磁场,退磁曲线将偏离原来的磁化曲线段,出现不可逆过程的特征。当所有磁矩变成易磁化方向后,进入可逆转动与趋近饱和阶段。此时,随着外加磁场的继续增加,磁矩逐渐转向与外磁场方向一致,最终达到磁化饱和。之后,再继续增加外磁场,磁体的磁化强度也不会提高。

33.(D) 解答思路:

在技术磁化过程中,畴壁移动的动力源于外加磁场的作用,而畴壁移动的阻力则主要包括磁体内部内应力的起伏分布及磁体组成成分的不均匀性(如组元、杂质、缺陷、非磁性相等的不均性)。畴壁移动并脱离杂质后,杂质表面的磁极统一,引起退磁场的变化,增加退磁能,形成了畴壁位移的阻力作用。

34.(C) 解答思路:

当施加与磁体易磁化轴方向呈某一角度的外加磁场后,畴内磁矩将向外加磁场方向旋转一个角度。这一过程中,原易磁化轴方向转向外加磁场方向,降低了静磁能,但同时提高了磁晶各向异性能。这两种能量抗衡的结果使畴的磁矩方向稳定在原磁化方向和磁场间总能量最小的某一角度上。

35.(A) 解答思路:

铁磁体中,凡是与自发磁化有关的参数都是组织不敏感参数,也称内禀参数,如饱和磁化强度、饱和磁致伸缩系数、磁晶各向异性常数、居里点等。组织不敏感参数主要取决于材料的成分、原子结构、晶体结构、组成相的性质与相对量,与材料的组织形态几乎无关。凡是与技术磁化有关的参数都是组织敏感参数,如磁矫顽力、磁化率、磁导率、剩磁感应强度等。组织敏感参数通常和晶粒的大小、形状、分布等有关。

36.(C) 解答思路:

温度升高,原子热运动加剧,原子磁矩的无序排列倾向增大,铁磁体的磁学特性越接近顺磁性特征。因此,随温度升高,铁磁体的铁磁特性减弱是基本规律。随着温度升高,饱和磁化强度下降,当温度达到居里点,饱和磁化强度降为0,铁磁性转变为顺磁性。

磁导率随温度的变化与铁磁体所处磁场强度的大小有关。在强磁场下,磁导率随温度升高单调下降。而在弱磁场下,温度升高会引起应力松弛,利于磁化的发生,使磁导率升高。温度接近居里点时,磁学特性几乎消失,造成磁导率剧烈下降。

37.(D) 解答思路:

当应力方向与铁磁体磁致伸缩同向时,应力对磁化起促进作用,反之则起阻碍作用。对具有负磁致伸缩系数的镍而言,拉应力造成对镍磁化时磁致收缩的阻碍,即阻碍了镍磁化过程的进行,并且,拉应力越大,磁化越困难。压应力则对镍的磁化有利。

38.(B) 解答思路:

加工硬化引起晶体内点阵扭曲、晶粒破碎、内应力增加,不利于磁体的磁化和退磁。再结晶退火与加工硬化作用相反,这是由于退火后,点阵扭曲恢复,内应力消除,磁性参数可恢复到加工硬化前的状态。晶粒越细小,晶界处晶格扭曲越严重,晶粒边界成为阻碍磁化进行的阻力,使磁化变难。因此,晶粒细化与加工硬化对磁性的影响作用相同。

39.(D) 解答思路:

对Fe－Ni合金,在Ni的质量分数为78%时,形成高导磁软磁材料坡莫合金。

40.(A) 解答思路:

当交换积分小于0时,原子磁矩取反向平行排列能量最低。如果相邻原子磁矩相等,由于原子磁矩反平行排列,原子磁矩相互抵消,自发磁化强度为零,显示反铁磁性。

41.(B) 解答思路:

磁体在交变磁场或脉冲磁场作用下发生磁化所表现出的磁性能称为动态特性。与直流磁场相比,在交变磁场作用下,铁磁体磁化状态的改变在时间上落后于交变磁场的变化。所以,任何一个稳定磁化状态的建立都需要一定的时间才能完成。

42.(C) 解答思路:

在交流磁场下磁化时,不同交流幅值磁场强度下会得到不同的交流磁滞回线。当交流幅值磁场强度增大到饱和磁场强度时,交流磁滞回线面积不再增加,此时得到极限交流磁滞回线。在极限交流磁滞回线上,可以确定材料的饱和磁感应强度、交流剩余磁感应强度等磁学参量。若将不同交流磁滞回线的顶点相连,由此得到的曲线轨迹称为交流磁化曲线。

43.(A) 解答思路:

在相同大小的磁场范围内,动态磁滞回线往往比静态磁滞回线包围的面积大。

44.(C) 解答思路:

复数磁导率的实部μ'与铁磁材料在交变磁场中储能密度有关,而其虚部μ''与材料在单位时间内损耗的能量有关。从损耗角度考虑,μ''/μ'构成损耗角正切。复数磁导率的模定义为$|\tilde{\mu}| = \sqrt{(\mu')^2 + (\mu'')^2}$,称为总磁导率或振幅磁导率。

45.(D) 解答思路:

在交变磁场作用下,由于磁感应强度B落后于磁场强度H一个相位差,铁磁体自身的磁化状态趋于稳定需要一定的弛豫时间,这就是动态磁化的时间效应。根据引起磁感应强度落后于磁化强度的原因,可以把时间效应现象分为:磁滞现象、涡流效应、磁后效现象和磁导率的频散现象。磁感应强度与磁场强度的同步变化不会引起时间效应。

二、判断题答案

1 ~ 5　对错错对错

6 ~ 10　对错错对对

11 ~ 15　错错对对错

16 ~ 20　对错错错对

21 ~ 25　错错对错错

【习题解答与分析】

2.(错)解答思路:

根据磁化率的大小,可将物质的磁性分为五类。

3.(错)解答思路:

洛伦兹力的方向根据左手定则来判定,即让磁力线穿过左手掌心,四指指向电流方向,也就是正电荷的移动方向,大拇指的指向即为洛伦兹力的方向。

5.(错)解答思路:

根据楞次定律,在外磁场作用下由于电子轨道运动,会产生与外加磁场方向相反的附加磁矩。

7.(错)解答思路:

除因瓦合金以外,一般铁磁体的体磁致伸缩系数为 10^{-10} ~ 10^{-8}。

8.(错)解答思路:

退磁场越大,磁化功越大,磁体越难被磁化。

11.(错)解答思路:

自发磁化理论解释了铁磁性产生的原因;技术磁化理论解释了铁磁体在磁场中的行为。

12.(错)解答思路:

反铁磁性是一种弱磁性。

15.(错)解答思路:

亚铁磁体在高于居里点处,磁化率和温度的关系近似呈反比关系,但不遵循居里-外斯定律。

17.(错)解答思路:

磁化过程中,与磁场呈钝角的磁畴瞬时转为呈锐角的易磁化方向,产生巴克豪森跳跃。

18.(错)解答思路:

磁体内杂质的穿孔作用,减少了畴壁的总面积,因此降低了畴壁能。

19.(错)解答思路:

温度升高,矫顽力、磁滞损耗等都下降,但剩磁 B_r 在低于室温下,随温度升高而升高。这与磁体在降温中,从磁晶各向异性(磁晶各向异性常数 $K_1 > 0$)向磁晶各向同性(磁晶各

向异性常数 $K_1=0$）转变，引起易磁化方向改变，进而发生部分退磁现象有关。

21.（错）解答思路：

李希特磁后效是由杂质原子扩散产生的感生各向异性引起的，也称为扩散磁后效。这种磁后效现象与温度和频率的关系密切相关。由热起伏引起的不可逆磁后效，称为约旦磁后效或热起伏磁后效。通常把与温度和磁场频率无关的磁后效现象都归类于约旦磁后效。

22.（错）解答思路：

起始磁导率往往随着时间的延长而降低，这就是磁导率减落现象，主要由铁磁体中电子或离子的扩散后效造成的。当磁性体退磁时，为使磁性体的自由能达到最小值，电子或离子将不断向有利的位置扩散，这往往导致磁中性化后，铁磁体的起始磁导率随时间而减落。

24.（错）解答思路：

通过减少剩磁或矫顽力、提高材料的起始磁导率，可以降低磁滞损耗。

25.（错）解答思路：

B 落后于 H 的相位角 δ 可以代表材料磁损耗的大小。

三、问答题解答与分析

1. 解答思路：

（1）磁感应强度：是用来描述磁场强弱和方向的物理量，即单位电荷以单位速度，沿垂直于磁场方向运动所受到的最大洛伦兹力。

（2）磁场强度：描述磁极周围空间或电流周围空间任一点的磁场作用大小。

（3）磁化率：表示材料磁化的能力，仅与磁介质有关，满足关系：$\boldsymbol{M}=\chi\boldsymbol{H}$。

（4）磁导率：表示材料磁化的难易程度，满足关系：$\boldsymbol{B}=\mu\boldsymbol{H}$。

（5）磁化强度：单位体积物质内所具有的磁矩矢量和。

（6）磁矩：表征物质磁性强弱和方向的基本物理量，由环电流产生。

（7）抗磁性：在组成物质的原子内，运动的电子在磁场中受电磁感应而表现出的属性。

（8）顺磁性：物质的固有磁矩不为0产生顺磁性。

（9）反铁磁性：相邻原子磁矩相等，由于原子磁矩反平行排列，原子磁矩相互抵消，自发磁化强度等于0，称为反铁磁性。

（10）亚铁磁性：由磁矩大小不同的两种离子（或原子）组成亚铁磁体，相同磁性的离子磁矩同向平行，不同磁性的离子磁矩反平行。由于两种离子的磁矩不相等，不能抵消，呈亚铁磁性。

（11）铁磁性：铁磁体由于自发磁化的作用，磁矩同向排列，交换积分大于0，在较弱的磁场下，即可产生较大磁性。

对铁磁性材料来说，在较弱的磁场下，即可产生较大磁性。其磁导率是很大的正值，并与外磁场呈非线性关系。

（12）居里温度：居里温度是铁磁性到顺磁性的相转变点。

（13）饱和磁化强度：磁性材料在外加磁场中被磁化时所能够达到的最大磁化强度。

（14）矫顽力：矫顽力是使材料内部磁矩矢量重新为0所需要施加的反向磁场。

（15）剩磁：磁体在外加磁场中磁化至饱和后去掉外加磁场所保留的磁化强度（或磁感

应强度),称为剩余磁化强度(或剩余磁感应强度),简称剩磁。

(16) 磁化功:磁体从退磁状态磁化到饱和状态,磁化曲线与磁化强度轴之间所包围的面积,即磁化场对磁体磁化过程所做的功的大小,称为磁化功。

(17) 易磁化方向:磁化到饱和状态所需要的磁场能最小的方向。

(18) 磁晶各向异性能:沿磁体不同方向,从退磁状态磁化到饱和状态,磁化曲线与磁化强度之间所包围的面积大小不同,即沿磁体不同方向,磁化场对磁体磁化过程所做的功的大小不同。

(19) 磁晶各向异性常数:表示单位体积的单晶磁体沿难磁化方向磁化到饱和与沿易磁化方向磁化到饱和所需的能量差。

(20) 静磁能:铁磁体在磁场中具有的能量通称为静磁能,包括磁场能和退磁能。

(21) 磁场能:铁磁体与外磁场的相互作用能,满足关系:$E_H = -\mu_0 \boldsymbol{M}_s \cdot \boldsymbol{H} = -\mu_0 M_s H \cos\theta$。

(22) 退磁能:在均匀磁化下,磁体在自身产生的退磁场中具有的能量,其大小与磁体形状和磁极强度有关,满足关系:$E_d = \frac{1}{2}\mu_0 N M^2$。

(23) 磁致伸缩:铁磁体在磁化状态发生变化时,其自身产生的大小或形状的弹性形变现象,称为磁致伸缩效应,简称磁致伸缩。

(24) 磁致伸缩系数:表示铁磁体在磁化状态发生变化时引起的磁致伸缩的大小。在长度方向发生弹性变形的物理量是线磁致伸缩系数;体积大小发生的弹性变形,则用体积磁致伸缩系数描述。

(25) 磁弹性能:磁体在磁化时发生磁致伸缩,如果形变受到限制,则在磁体内部产生应力,并产生弹性能,称为磁弹性能。

(26) 应力磁各向异性:磁体内的应力引起磁化的各向异性,称为应力磁晶各向异性。

(27) 自发磁化:自发磁化是一些物质在无外磁场作用下,温度低于某一定温度时,其内部原子磁矩自发有序排列的现象。

(28) 磁畴:铁磁体自发磁化并达到磁饱和状态的小区域称为磁畴。

(29) 交换积分:两个原子的电子交换位置而产生的相互作用能,称为交换积分,它与原子间电荷分布的重叠有关。

(30) 交换能:交换作用产生的附加能量称为交换能,满足关系:$E_{ex} = -A\cos\varphi$

(31) 奈耳温度:奈耳温度是反铁磁性到顺磁性的相转变点。

(32) 畴壁能:从能量角度看,畴壁出现所增加的能量即为畴壁能。

(33) 畴壁:相邻磁畴的界限称为畴壁,是磁畴结构的重要组成部分。

(34) 技术磁化:技术磁化是外加磁场把各个磁畴的磁矩方向转到外磁场方向的过程,包括磁化过程和反磁化过程两种方式。

(35) 巴克豪森跳跃:在不可逆畴壁位移阶段,与磁场呈钝角的磁畴在磁场作用下瞬时转为呈锐角的易磁化方向,畴壁发生瞬时跳跃,宏观上则表现出剧烈的磁化,磁化强度迅速增加,此时的畴壁移动是以不可逆的跳跃式进行的,称为巴克豪森跳跃。

(36) 交流磁化曲线:在交流磁化过程中,将不同交流磁滞回线顶点相连得到的轨迹即为交流磁化曲线,简称 $B_m - H_m$ 曲线。

(37) 最大磁能积:磁感应强度 B 和磁场强度 H 乘积的最大值 $(BH)_{max}$ 即为最大磁能积,

是衡量磁体储存能量大小的重要参数之一,能全面反映硬磁材料的储磁能力。

(38) 磁损耗因子:磁感应强度 B 相对应于磁场强度 H 落后的相位角 δ 可以代表材料磁损耗的大小,相位角 δ 的正切可称为磁损耗系数(或损耗角正切),简称损耗因子。

(39) 铁损:磁芯在不可逆交变磁化过程中所消耗的能量,统称铁芯损耗,简称铁损,由磁滞损耗、涡流损耗和剩余损耗三部分组成。

(40) 趋肤效应:由涡流产生的磁场强度大小从磁体表面向内部逐渐增加,而磁化强度 M 和磁感应强度 B 的幅值则从表面向内逐渐减弱,这种现象称为趋肤效应。

(41) 涡流损耗:铁磁体内的涡流,使磁芯发热,造成能量损耗,称为涡流损耗。

(42) 磁滞损耗:磁滞回线所包围的面积表征磁化一周时所消耗的功,称为磁滞损耗。

(43) 剩余损耗:除了磁滞损耗和涡流损耗以外的损耗即为剩余损耗。剩余损耗种类多样。通常,在低频和弱磁场条件下,剩余损耗主要由磁后效损耗引起;在中频下,主要由磁力共振引起剩余损耗;高频下,由畴壁共振引起剩余损耗;超高频下,则主要由自然共振引起剩余损耗。

(44) 磁后效:在低频和弱磁场条件下,磁感应强度(或磁化强度)随磁场强度变化的滞后现象称为磁后效。

(45) 霍尔效应:当电流垂直于外磁场通过半导体时,载流子发生偏转,垂直于电流和磁场的方向会产生一附加电场,从而在半导体的两端产生电势差,这一现象称为霍尔效应,这个电势差称为霍尔电势差。

(46) 磁阻效应:是指某些金属或半导体的电阻值随外加磁场变化而变化的现象。

(47) 法拉第效应:当一束线偏振光沿外加磁场方向通过置于磁场中的介质时,透射光的偏振化方向相对于入射光的偏振化方向发生偏转,这一现象称为法拉第效应,也称为磁致旋光效应。

(48) 磁光克尔效应:当一束偏振光入射到介质表面并发生反射时,若介质处于磁性状态,则反射光的偏振面会发生偏转,称为磁光克尔效应。

(49) 塞曼效应:在磁场作用下,发光体的光谱线发生分裂的现象称为塞曼效应。其中,1条谱线分裂为2条(顺磁场方向观察)或3条(垂直于磁场方向观察)的为正常塞曼效应;3条以上的为反常塞曼效应。

(50) 磁致线性双折射效应:当光以不同于磁场方向通过置于磁场中的介质时,会出现与磁场平行的偏振光的相位速度和垂直于磁场方向的线偏振光的相位速度不同的现象,称为磁致线性双折射效应。

2. 解答思路:

(1) B:磁感应强度;H:磁场强度;μ:磁导率;M:磁化强度;χ:磁化率;μ:相对磁导率;μ_0:真空磁导率。

(2) 这几个物理参量间的关系为

$$B = B_0 + B' = \mu_0 H + \mu_0 M = \mu_0(H + M) = \mu H$$

$$\mu_0(H + M) = \mu H$$

$$M = \chi H$$

3. 解答思路:

(1) 磁滞回线所包围的面积表征磁化一周时所消耗的功,称为磁滞损耗。

(2) $M(B) - H$ 磁滞回线如解答图6.1所示。M_s 为饱和磁化强度;B_s 为饱和磁感应强度；H_C 为矫顽力；M_r 为剩余磁化强度；B_r 为剩余感应强度。

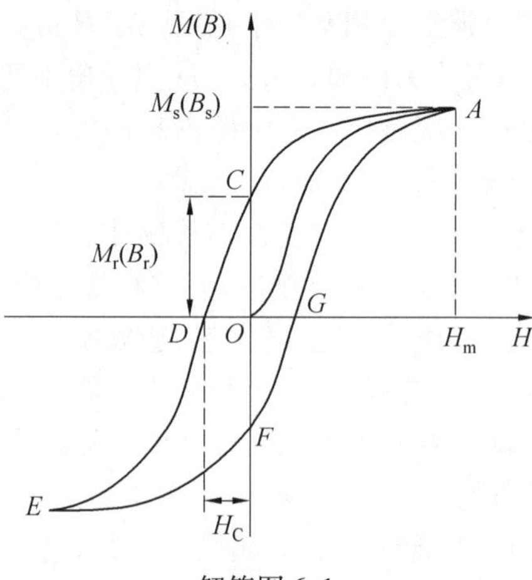

解答图 6.1

4. 解答思路：

根据关系 $B=\mu H=\mu_0\mu_r H$，代入数据，有

$$B=\mu_0\mu_r H=4\pi\times10^{-7}\times2\,800\times500\approx1.75(\mathrm{T})$$

因此，在此磁场强度下该软铁中的磁感应强度为 1.75 T。

5. 解答思路：

（1）外磁场 $H=0$，外应力 $\sigma=0$，当温度 $T<T_P$ 时，形状为有限几何尺寸的磁体自发磁化的取向由交换能（E_{ex}）、磁晶各向异性能（E_k）、退磁场能（E_d）、磁弹性能（E_σ）和畴壁能（E_r）共同构成的总自由能的极小值所决定。

（2）磁畴产生的原因如下：

交换能 E_{ex} 使晶体自发磁化至饱和，磁晶各向异性能 E_k 使磁化方向沿易磁化方向排列，此时能量最小，磁体表面形成磁极。磁极出现必然引起退磁，退磁能 E_d 使能量增大，只有形成多畴，退磁能 E_d 才能降低。退磁能 E_d 降低，引起畴壁能 E_r 增加。减少退磁能 E_d 是分畴的动力。畴壁数目或磁畴尺寸的大小是由退磁能 E_d 的降低和畴壁能 E_r 增加共同决定的能量极小条件决定的。封闭畴使 $E_d=0$，磁弹性能 E_σ 和磁晶各向异性能 E_k 增大。

6. 解答思路：

（1）铁磁性产生的两个条件是：原子中存在没有被电子填满的状态（必要条件），即固有磁矩不为零；形成晶体时，原子间的键合作用是否对形成铁磁体有利（充分条件），即交换积分大于零，电子自旋平行排列，与晶体结构有关。

（2）与反铁磁性的差异：在必要条件的基础上，如果交换积分小于零，电子自旋反平行排列，此时能量最低，则为反铁磁性。由于磁矩反平行排列，因此对外不显磁性，而且在外加磁场作用下，技术磁化较难，磁导率低。

7. 解答思路：

抗磁性是电子轨道运动感应产生的，物质的抗磁性普遍存在。当原子系统的固有磁矩等于零时，抗磁性才容易表现出来。材料的顺磁性来源于原子的固有磁矩，即固有磁矩不为零。顺磁性物质的磁化率远高于抗磁性物质的磁化率，所以在顺磁性物质中抗磁性往往被掩盖。

8. 解答思路:

五种材料的磁化曲线如解答图6.2所示。

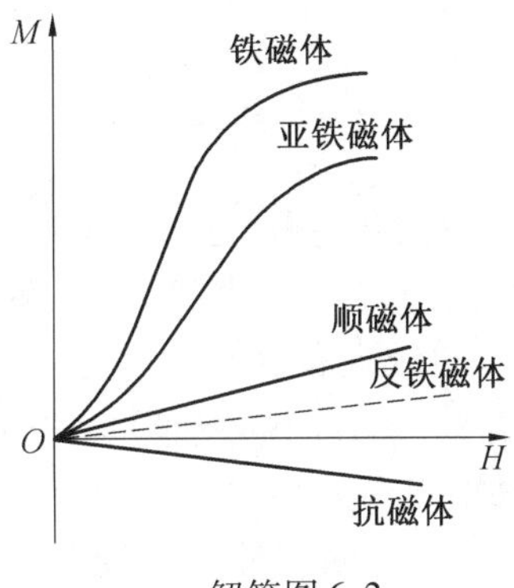

解答图6.2

(1) 抗磁性是电子轨道运动感应产生的,物质的抗磁性普遍存在。当原子系统的固有磁矩等于零时,抗磁性才容易表现出来,成为抗磁体。

(2) 材料的顺磁性来源于原子的固有磁矩,即固有磁矩不为零。顺磁性物质的磁化率远高于抗磁性物质的磁化率,所以在顺磁性物质中抗磁性往往被掩盖。

(3) 铁磁性产生的主要原因是固有磁矩不为零,且交换积分$A > 0$。铁磁性物质的原子具有固有磁矩,原子磁矩自发磁化按区域呈平行排列,在很小的外磁场作用下,物质就能被磁化至饱和。

(4) 反铁磁性产生的主要原因:当$A < 0$时,原子磁矩取反向平行排列能量最低。如果相邻原子磁矩相等,由于原子磁矩反平行排列,原子磁矩相互抵消,自发磁化强度为零,只有在很强的外磁场作用下才能显现出来。

(5) 亚铁磁体是由磁矩大小不同的两种离子(或原子)组成,相同磁性的离子磁矩同向平行,不同磁性的离子磁矩反平行。由于两种离子的磁矩不相等,不能抵消,呈亚铁磁性。

9. 解答思路:

(1) 居里温度:居里温度是铁磁性到顺磁性的相转变点。

(2) 铁磁体在磁化状态发生变化时,其自身产生的大小或形状的弹性形变现象,称为磁致伸缩效应,简称磁致伸缩。

10. 解答思路:

根据畴内磁矩转动方式的不同,可把畴壁分为布洛赫畴壁和奈耳畴壁。布洛赫畴壁中的磁矩,在转动过程中始终平行于畴壁平面。奈耳畴壁的磁矩,则始终与薄膜上下表面平行。奈耳畴壁中的上下表面无磁荷,只在畴壁两侧产生磁荷,这也是奈耳畴壁与布洛赫畴壁的主要不同之处。

11. 解答思路:

畴壁能与壁厚的关系是交换能与磁晶各向异性能相互竞争的结果。由于畴壁是相邻磁畴之间的一个过渡区,且磁化方向在过渡区中逐步转向,所以,原子磁矩逐渐转向比突然转向的交换能小,但仍然比原子磁矩同向排列的交换能大。因此,如果只考虑降低畴壁的交换能,则畴壁的厚度越大越好。但是,磁矩方向的逐渐改变,使原子磁矩偏离了易磁化方向,从而使磁晶各向异性能增加,因此,倾向于壁厚变小。综合交换能和磁晶各向异性能与壁厚之间的关系,壁厚能最小值对应的壁厚就是平衡状态时畴壁的厚度。

由于原子磁矩的逐渐转向使各方向的伸缩变形受到限制,还产生了磁弹性能。所以,畴壁的能量高于畴内的能量。

12. 解答思路:

解答见第4章问答题第8题。

13. 解答思路:

技术磁化过程包括磁化过程和反磁化过程,通过畴壁迁移和磁畴旋转实现。

磁化过程:磁性材料从磁中性状态,在外磁场作用下,磁体磁化状态发生变化,直至所有磁畴的磁化强度都取外磁场方向的磁饱和状态的过程;反磁化过程:磁性材料从一个方向的饱和状态,加反向磁场磁化到另一个方向的磁饱和状态的过程。

磁化时,外加磁场把磁畴的磁矩转向外加磁场方向。未加磁场时,材料原始的退磁状态为封闭磁畴。外加磁场后,自发磁化方向与外加磁场呈锐角的磁畴发生扩张,呈钝角的磁畴缩小,通过磁畴迁移完成,并且迁移可逆。与磁场呈钝角的磁畴瞬时转为呈锐角的易磁化方向,畴壁发生瞬时跳跃,过程不可逆。所有磁矩变成易磁化方向后,磁矩逐渐转向外磁场方向。最终,磁化达到饱和。对经过磁化处理的铁磁体,如果减弱外加磁场,铁磁体的磁化曲线将以新的路径行进,即发生反磁化过程。磁体在磁场中磁化一周,会形成磁化强度随磁场强度变化的磁滞回线。

14. 解答思路:

(1) 畴壁迁移:以180°畴壁迁移模型为例。未加磁场前,畴壁两侧畴内磁矩呈180°反向排列,并分别处于自发磁饱和状态。当施加某方向的外加磁场后,与外加磁场方向呈锐角的磁矩畴内,静磁能较低,畴壁向另一畴方向移动。畴壁移动经过区域内的磁矩从原来的方向转动180°,转向与新畴磁矩方向一致,从而增加了磁场方向的磁化强度。畴壁迁移模型中,畴壁的迁移是通过磁矩方向的改变实现的。

(2) 磁畴旋转:原磁畴方向沿易磁化轴方向存在。当施加与易磁化轴方向呈某一角度的外加磁场后,畴内磁矩将向外加磁场方向旋转一个角度。这一过程中,原易磁化轴方向转向外加磁场方向,降低了静磁能,但同时提高了磁晶各向异性能。这两种能量抗衡的结果使畴的磁矩方向稳定在原磁化方向和磁场间总能量最小的某一角度上。

15. 解答思路:

铁磁体内存在的杂质引起磁体内能量的起伏变化构成畴壁移动的阻力。杂质对畴壁移动主要有穿孔作用和退磁场作用。

(1) 穿孔作用:在没有外磁场时,畴壁被杂质穿孔,减少了畴壁的总面积,降低了畴壁能,畴壁位于杂质直径最大处能量最小,这相当于杂质对磁畴起钉扎作用。当畴壁移动时,畴壁面积的变化会引起畴壁能的变化。

(2) 退磁场作用:畴壁移动时,杂质界面上自由磁极的分布将发生变化。当畴壁位于杂质直径最大处时,畴壁左右两侧杂质表面具有相反的磁极,在杂质两侧存在相反的退磁场。畴壁移动并脱离杂质后,杂质表面的磁极统一,引起退磁场的变化,增加退磁能,形成了畴壁位移的阻力作用。

16. 解答思路:

当应力方向与金属的磁致伸缩为同向时,则应力对磁化起促进作用,反之则起阻碍作用。这是由于应力阻碍磁化过程的进行,则受力越大,磁化越困难;反之亦然。

17. 解答思路:

动态磁滞回线的特点有:(1) 交流磁滞回线形状除与磁场强度有关外,还与磁场变化的频率和波形有关。(2) 在一定频率下,交流幅值磁场强度不断减小,交流磁滞回线逐渐趋于椭圆形状。(3) 当频率升高时,呈现椭圆回线的磁场强度的范围会扩大,且各磁场强度下回线的矩形比(即剩磁 B_r 与饱和磁感应强度 B_m 之比) 会升高。随着频率的升高,磁滞回线的外形逐渐趋于椭圆形,并且剩磁越接近饱和磁感应强度。(4) 相同大小的磁场范围内,动态磁滞回线往往比静态磁滞回线包围的面积大。

18. 解答思路:

磁芯在不可逆交变磁化过程中所消耗的能量,统称为铁芯损耗,简称铁损。铁损由磁滞损耗、涡流损耗,和剩余损耗三部分组成。

磁滞损耗是在不可逆磁化过程中,由磁感应强度 B 的变化落后于磁场强度 H 的磁滞现象所引起的损耗。对弱磁场范围内,在只考虑磁滞损耗的前提下,磁滞回线的面积在数值上等于磁化一周的磁滞损耗。

铁磁体中涡流的存在,使涡电流在金属内流动时,会释放焦耳热,进而使磁芯发热,造成能量损耗,即涡流损耗。频率越高,材料的电阻越小,涡流损耗越大。

除了磁滞损耗和涡流损耗以外的损耗称为剩余损耗。剩余损耗种类多样,通常在低频和弱磁场条件下,剩余损耗主要由磁后效损耗引起;在中频下,主要由磁力共振引起剩余损耗;在高频下,由畴壁共振引起剩余损耗;而超高频下,则主要由自然共振引起剩余损耗。

19. 解答思路:

通常,有两种不同机制的磁后效现象。李希特磁后效,也称为扩散磁后效,是由杂质原子扩散产生的感生各向异性引起的可逆后效。杂质原子在扩散过程中,伴随着能量的损耗,并且与温度和频率密切相关。

由热起伏引起的不可逆磁后效,称为约旦磁后效,或热起伏磁后效。当铁磁体磁化时,磁化强度首先达到某一亚稳定状态。但是,由于热起伏的缘故,磁化强度将滞后达到新的稳定态。通常,把几乎与温度和磁场频率无关的磁后效现象都归类于约旦磁后效。

20. 解答思路:

软磁材料是指矫顽力小(一般认为 $H_C < 1\ 000$ A/m),去掉磁场后基本不显示磁性的材料,其磁滞回线呈狭长形。软磁材料的矫顽力和磁滞损耗很低,具有高的磁导率和饱和磁感应强度,在外加磁场很小的情况下即可达到磁饱和,并容易恢复到退磁状态,在交流下使用时磁滞损耗也较小。

硬磁材料是指矫顽力大(一般认为 $H_C > 10^4$ A/m),难以磁化,且一旦磁化后去掉外磁场仍能长期保持强磁性的材料,其磁滞回线呈宽大型。硬磁材料具有高的剩磁、矫顽力和饱和磁感应强度,且其磁化到饱和态时需要的外加磁场大。

21. 解答思路:

(1) A_2 处的相变对应着铁磁性向顺磁性转变的特征,属于二级相变,相变在一定温区内发生。A_3、A_4 点为一级相变,相变在固定温度内发生。

(2) 在 A_3 和 A_4 相变点附近发生一级相变,弹性模量 E 随温度 T 的变化曲线如解答图6.3 所示。在 A_3 点,材料从体心立方的 α - Fe 变成面心立方的 γ - Fe,原子间距减小,从而使弹性模量突然增大。在 A_4 点,材料从面心立方的 γ - Fe 变成体心立方 δ - Fe,原子间距增大,从而使弹性模量突然降低。相变完成后,在一个相态内,弹性模量随温度呈近似线性下降。

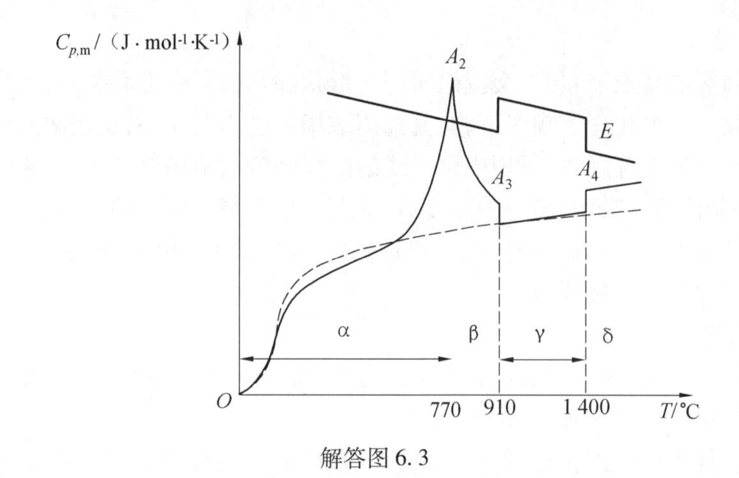

解答图 6.3

（3）磁不饱和状态下的弹性模量低于磁饱和状态下的弹性模量，属于铁磁性的弹性反常，即 ΔE 效应，这是由于铁磁体中磁致伸缩引起的附加应变造成的。在低于居里点时，某一温度下，未磁饱和铁磁体在弹性拉应力作用下，除了由拉应力引起的正常弹性应变外，还存在弹性应力引起畴壁移动和磁矩转动，造成磁畴磁矩重新取向，此过程伴随着铁磁体尺寸变化的附加应变，也就是发生力致线性伸缩，产生额外的应变，其结果是磁不饱和时的弹性模量比在磁饱和时的弹性模量低，出现弹性反常现象。随着温度升高，ΔE_λ 效应逐渐减小，磁不饱和状态下的弹性模量随着温度的升高逐渐升高。当温度高于居里温度时，弹性模量与温度的关系又恢复到正常状态。

22. 解答思路：

（1）曲线 1 偏离正常膨胀的原因是铁磁性材料的磁致伸缩。具有负磁致伸缩系数的材料在磁化后体积收缩，温度升高后，铁磁性状态降低，从而引起体积膨胀，再加上由于温度升高引起的正常的受热膨胀，从而累积后造成膨胀系数高于正常的膨胀系数与温度的关系。

（2）居里点是铁磁性材料由铁磁性转变为顺磁性的临界温度。T_p 附近热容随温度变化曲线如解答图 6.4 所示。发生二级相变时，相转变过程在一个温度区间内逐步完成，因而热容随温度的变化关系为如解答图 6.4 所示的渐变关系。

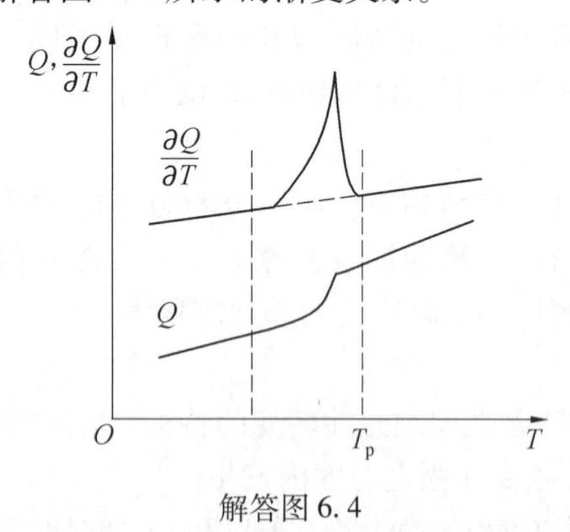

解答图 6.4

（3）低于 T_p 时，铁磁性材料处于自发磁化状态，因而在外加磁场下很容易引起磁化强度的增加。铁磁性产生的条件是原子中存在未填满电子壳层，即固有磁矩不为零，并且满足交换积分大于 0 的充分条件。

23. 解答思路:

(1) 在图中正确标注铁电和铁磁材料的主要物理量,如解答图6.5所示。

注意:需要分别在纵/横坐标轴上标出 $P-E$ 和 $M(B)-H$,以区分电滞回线和磁滞回线。在图中标注物理量时,电滞回线的 P_s 位置应为,沿 AB 曲线作稍微向下倾斜的直线段与纵轴的交点(为了去除铁电体极化时,反映电介质正常极化对极化强度的贡献部分);而磁滞回线的 $M_s(B_s)$ 位置则为从 A 点引一条与横轴平行的直线段与纵轴的交点。

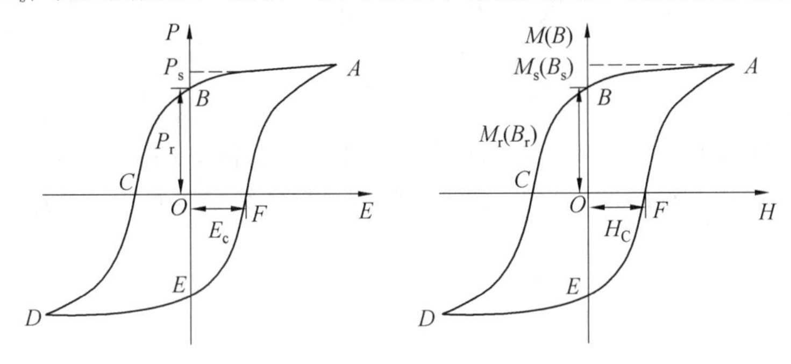

解答图6.5

(2) P_s 自发极化强度:外电场作用下极化的最大值。剩余极化强度 P_r:撤出最大外电场后铁电材料的极化值。矫顽力场 E_c:使铁电体剩余极化强度恢复到零所需的反向电场强度。M_s 自发磁化强度或 B_s 自发磁感应强度:外磁场作用下磁化强度的最大值或外磁场作用下磁感应强度的最大值。剩余磁化强度 M_r 或剩余磁感应强度 B_r(统称剩磁):磁化后,外磁场为零时,铁磁体所剩余的磁化强度或磁感应强度。矫顽力 H_C:使剩磁降低至零所需要施加反向磁场强度。

24. 解答思路:

(1) 物理量的位置如解答图6.6所示。M_s 为饱和磁化强度;B_s 为饱和磁感应强度;H_C 为矫顽力;M_r 为剩余磁化强度;B_r 为剩余磁感应强度;μ_m 为最大磁导率。

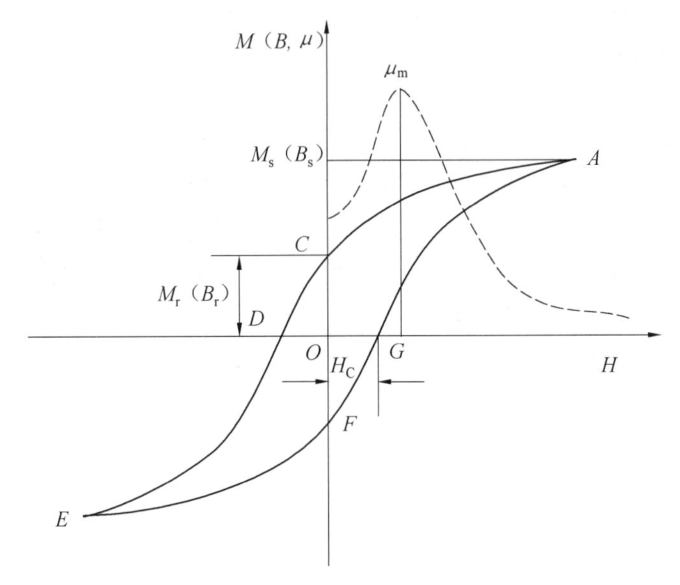

解答图6.6

（2）退磁过程中 M 的变化落后于 H 的变化，称为磁滞现象。磁滞回线包围的面积表征磁化一周时所消耗的功，称为磁滞损耗。

（3）B 为磁感应强度；H 为磁场强度；μ 为磁导率；M 为磁化强度；χ 为磁化率；μ_r 为相对磁导率；μ_0 为真空磁导率。这几个参量之间的关系如下：

$$B = B_0 + B' = \mu_0 H + \mu_0 M = \mu_0 (H + M) = \mu H$$

$$\mu_r = \frac{\mu}{\mu_0} = \frac{B}{B_0}$$

$$M = (\mu_r - 1) H = \chi H$$

25. 解答思路：

（1）根据热膨胀曲线判断所发生的相变为一级相变，即相变在恒温下发生。此时热容随温度的变化会在相变温度发生突变，热容随温度变化曲线如图 6.7 中的热容曲线所示。

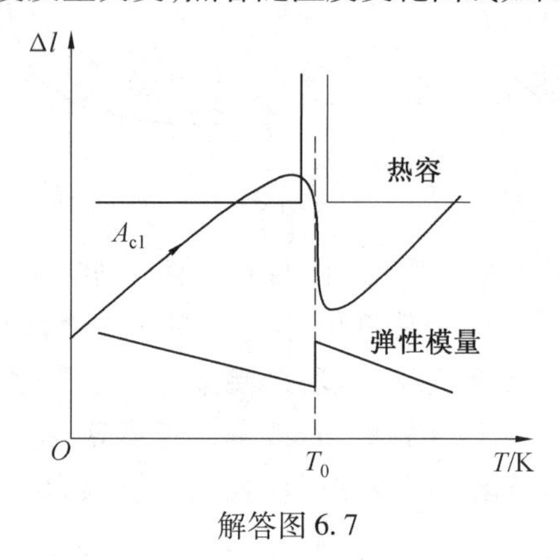

解答图 6.7

（2）在 T_0 温度发生奥氏体转变，属于一级相变，此时，纯铁由体心立方的 α − Fe 变成面心立方的 γ − Fe，原子间距减小，因此在 T_0 温度引起长度下降。弹性模量 E 随温度 T 的变化曲线如图 6.7 中弹性模量曲线所示。这是由于发生 α 相到 γ 相转变后，原子间距减小，原子间结合力增强，因此弹性模量在相变后突然升高。完全转变为一个相态后，弹性模量 E 随温度 T 的升高呈常规的线性下降。

（3）解答见第 4 章问答题第 8 题。

26. 解答思路：

（1）曲线 1 偏离正常膨胀的原因是铁磁性材料的磁致伸缩。具有负磁致伸缩系数的材料在磁化后体积收缩，温度升高后，铁磁性状态降低，从而引起体积膨胀，再加上由于温度升高引起的正常的受热膨胀，从而累积造成膨胀系数高于正常的膨胀系数与温度的关系。

（2）居里点是铁磁性材料由铁磁性转变为顺磁性的临界温度。该材料的居里点近似位于解答图 6.8 中箭头所指位置。这是由于在温度达到居里温度后，磁致伸缩效应消失，因而随着温度升高，会回归正常的热膨胀曲线。

（3）解答见第 13 题。

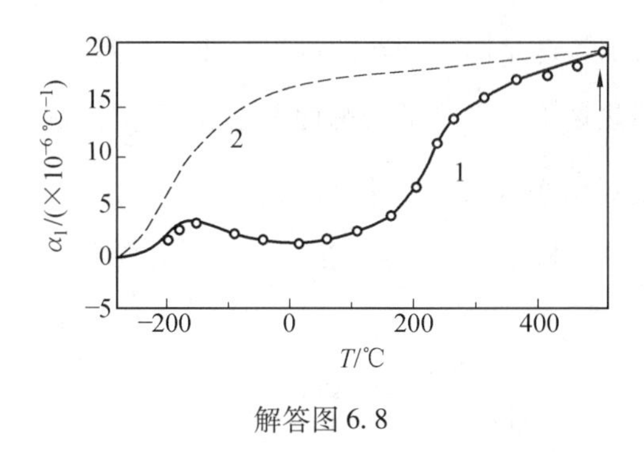

解答图 6.8

27. 解答思路：

（1）磁性材料具有不同磁化曲线可能与材料的磁晶各向异性能及材料的形状各向异性能有关。磁晶各向异性能与材料的磁化难易程度有关，磁化越难，曲线越远离纵轴，如曲线 3 所示；磁化越容易，曲线越靠近纵轴，如曲线 1 所示。形状各向异性能与退磁能有关，对同一种材料，退磁能的大小磁体加工的形状有关，因此使磁化曲线出现差异。

（2）磁导率变化关系如解答图 6.9 所示。本问的关键在于，三条磁导率曲线中，初始磁导率在纵轴的位置是曲线 1 > 曲线 2 > 曲线 3，并且磁导率曲线上要反映出最大磁导率（也就是磁导率曲线的峰值）的差别，即曲线 1 > 曲线 2 > 曲线 3。

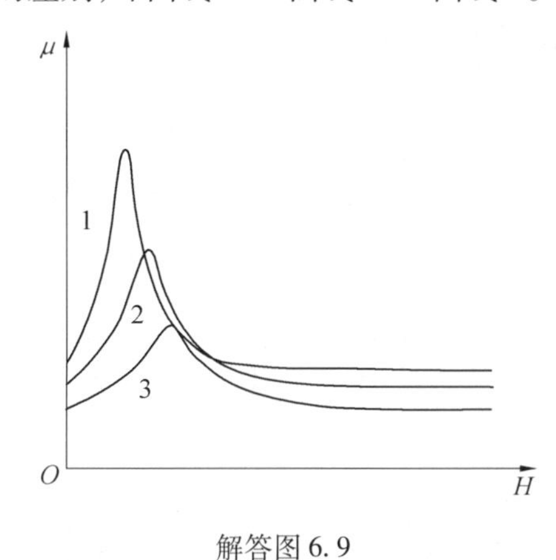

解答图 6.9

（3）磁畴的出现是由交换能（E_{ex}）、磁晶各向异性能（E_k）和退磁场能（E_d）、磁弹性能（E_σ）和畴壁能（E_r）共同构成的总自由能为极小值来决定的。磁畴产生的原因：①E_{ex} 使晶体自发磁化至饱和，E_k 使磁化方向沿易磁化方向排列，此时能量最小，磁体表面形成磁极。②磁极出现必然引起退磁，E_d 使能量增大，只有形成多畴，E_d 才能降低。③E_d 降低，引起畴壁能 E_r 增加。减少 E_d 是分畴的动力。④畴壁数目或磁畴尺寸的大小是由 E_d 的降低和 E_r 增加共同影响的能量极小条件决定的。⑤封闭畴使 $E_d = 0$，E_σ、E_k 增大。

28. 解答思路：

（1）曲线 1 偏离正常膨胀的原因是铁磁性材料的磁致伸缩。具有正磁致伸缩系数的材料在磁化后体积收缩，温度升高后，铁磁性状态降低，从而引起体积收缩，这一体积收缩大于由于温度升高引起的正常的受热膨胀，从而累积造成膨胀系数低于正常的膨胀系数与温度的关系。

（2）居里点是铁磁性材料由铁磁性转变为顺磁性的临界温度。T_P 附近发生二级相变，即转变过程在一个温度区间内逐步完成，在转变过程中只有一个相。T_P 附近热容随温度变化曲线如解答图 6. 10 所示。这是因为相转变过程是在一个温度区间内逐步完成的，在整个相变过程中，材料吸收的热量随着温度的升高而不断升高，根据热容的定义 $C_{V,\mathrm{m}}=\left(\frac{\partial Q}{\partial T}\right)_V$，对该曲线进行求导后，可得到相变点附近的热容曲线。

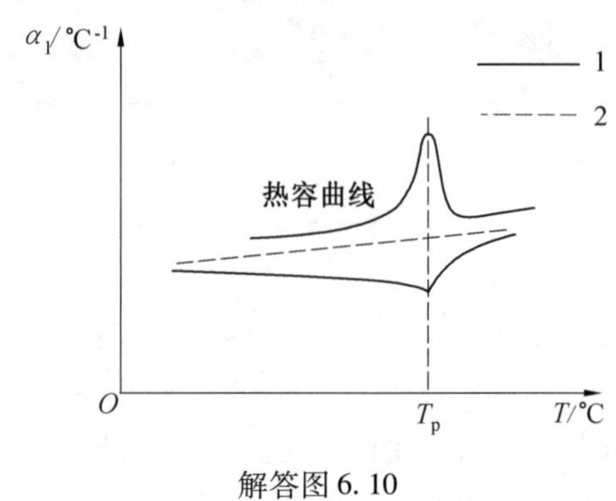

解答图 6. 10

第7章　材料的弹性与内耗

一、单项选择题答案

1 ~ 5　ABBDB
6 ~ 10　CADBA
11 ~ 15　BDABB
16 ~ 20　CBCAD
21 ~ 25　DDBCA
26 ~ 30　DBCDB

【习题解答与分析】

1.(A) 解答思路:

固体材料的弹性本质源于原子的简谐振动。简谐振动的结果是振子所受合力与偏移平衡位置间的距离成正比。

2.(B) 解答思路:

用于解释弹性的双原子模型认为,质点的振幅中心位于平衡位置,这是简谐近似的结果。

3.(B) 解答思路:

利用双原子势能模型解释弹性时,势能函数展开成泰勒级数只保留了 x 二次方项,这是简谐近似的理论解释。

4.(D) 解答思路:

凡是与原子间结合力有关的物理参量都可能与弹性模量有关。弹性模量越高,原子间结合力越强,对应的热膨胀系数越小。

5.(B) 解答思路:

在一个相态内,温度越高,原子间相互作用力越弱,弹性模量近似呈直线降低。当温度 $T > 0.52\ T_m$ 时,弹性模量和温度之间不再是直线关系,而呈 e 指数关系。

6.(C) 解答思路:

由于弹性模量随温度升高而降低,因此弹性模量温度系数通常为负值,表示弹性模量随温度的变化关系。弹性模量温度系数绝对值越大,表示弹性模量随温度升高而下降的幅度越大。弹性模量温度系数与线膨胀系数之比近似为常数。

7.(A) 解答思路:

Ni 在高于居里点的温度下呈顺磁性,弹性模量随温度升高而降低,满足正常的弹性模量与温度的变化规律。当材料由体心立方结构变为面心立方结构时,由于原子间距变小,原子间结合力增强,因此相变后弹性模量反而升高。处于磁饱和态的 Ni 不具有弹性反常现象,对于非磁饱和态的 Ni 具有弹性反常现象,即出现 ΔE_{λ} 效应。

8. (D) 解答思路:

溶剂与溶质原子半径差越大,弹性模量下降得越多,这与原子间结合力随溶剂与溶质间半径差增大而减小有关。

9. (B) 解答思路:

在居里点以下,铁磁体未磁化时的弹性模量低于饱和磁化后的弹性模量,出现弹性的铁磁性反常。

10. (A) 解答思路:

ΔE_{λ} 效应,也称为力致线性伸缩,是因为应力造成磁畴磁矩重新取向,引起退磁状态铁磁体出现附加应变。力致体积伸缩,应力造成磁畴内自旋磁矩进一步取向,引起 ΔE_{ω} 效应;温度变化造成的自发体积磁致伸缩,引起 ΔE_{A} 效应。

11. (B) 解答思路:

当铁磁体从高于居里点冷却到低于居里点时,伴随着体积的反常膨胀,造成弹性模量降低,发生自发体积磁致伸缩,称为 ΔE_{A} 效应。

12. (D) 解答思路:

处于磁饱和状态的因瓦合金,其弹性模量仍随温度的升高而升高,这种弹性模量反常主要是 ΔE_{ω} 效应和 ΔE_{A} 效应的贡献。对处于磁饱和状态下的合金,若其弹性模量随温度呈近似直线下降,也就是在磁饱和状态下弹性反常基本消失,这种弹性模量反常主要是 ΔE_{λ} 效应的贡献,ΔE_{ω} 效应和 ΔE_{A} 效应的贡献很小。要完全消除 ΔE_{ω} 和 ΔE_{A} 效应引起的弹性反常,只有使用 8×10^{8} A/m 数量级的强磁场强度进行磁化才足够。

13. (A) 解答思路:

Ni 处于磁饱和状态时,弹性反常基本消失,这说明非磁饱和态 Ni 的弹性模量反常主要是 ΔE_{λ} 效应的贡献。

14. (B) 解答思路:

非磁饱和状态下 Ni 的弹性模量会出现 ΔE_{λ} 效应。同一温度下,退磁态弹性模量低于磁饱和态弹性模量,即 ΔE_{λ} 效应。Ni 的磁化程度越高,同温度下弹性模量越高。随温度升高,Ni 的铁磁特性逐渐消失,不同磁化状态下 Ni 的弹性模量逐渐趋于同一值。随温度升高引起的顺磁弹性模量 E_{p} 的减小值由 ΔE 效应随温度的变化来补偿。

15. (B) 解答思路:

弹性模量不随温度变化或变化很小,即弹性模量温度系数接近于 0 或很小,这类合金称为恒弹性合金或艾林瓦合金。这一弹性模量不随温度变化或变化很小的现象称为艾林瓦效应。艾林瓦效应是因瓦效应的一个方面,它的产生与 ΔE 效应有关。通过选择一定的合金成分和热处理制度,由材料自身随温度升高引起弹性模量降低的正常变化,与由温度升高引起 ΔE 效应消失导致弹性模量升高的反常变化,两者相互补偿并抵消,就会实现弹性模量在一定温度范围内恒定不变的现象。

16. (C) 解答思路:

一个理想弹性体,应变对应力变化的反应完全及时,应力与应变之间的关系完全遵守胡克定律,即理想弹性下的应力和应变之间随时都保持相同的相位。理想弹性体的变形过程是单值性的可逆变形,应力与应变一一对应。

17.（B）解答思路:

材料加载的两种极限情况包括加载速度缓慢的等温加载和加载速度极快的绝热加载。

18.（C）解答思路:

恒应力加载下,瞬时应变量将随时间延长逐渐增加并趋于恒定值;恒应变加载下,瞬时应力值将随时间延长逐渐降低并趋于恒定值。

19.（A）解答思路:

未弛豫模量 E_u 是瞬时应力与瞬时应变之比,实际反映的是理想弹性体的弹性特征。在恒应力应变弛豫下,弛豫模量 E_R 是恒应力与平衡应变的比值;在恒应变应力弛豫下弛豫模量 E_R 是弛豫完全的应力与恒应变的比值。未弛豫模量 E_u 大于弛豫模量 E_R。实际弹性模量 E 则介于两者之间。

20.（D）解答思路:

模量亏损满足关系:$\frac{\Delta E}{E}=\frac{E_u-E}{E}$,表征材料因滞弹性而引起的弹性模量的下降。

21.（D）解答思路:

如果交变应力的频率很高,即绝热加载时,弹性特征近似于理想弹性体,应力与应变同步,此时不会产生弛豫过程,也不产生内耗。

22.（D）解答思路:

内耗的度量方式包括:相位差 δ 表示滞弹性内耗值、振幅对数衰减率表示内耗值、共振频率表示内耗值。内耗的一般定义为振动一周的能量损耗 ΔW 与振动一周的总能量 W 之比的 $1/2\pi$。

23.（B）解答思路:

复弹性模量的概念是根据标准线性固体方程给出的,由实数部分和虚数部分组成。复弹性模量中,反映损耗的虚部与反映动力来源的实部之比即为内耗。

24.（C）解答思路:

与滞弹性内耗有关的要素主要包括:内耗源,即固体内部的各类缺陷的运动变化以及它们之间的相互作用;外加应力,主要与应力的频率相关;弛豫时间,由温度所决定,不同的内耗源有不同的弛豫时间;激活能,不同的内耗源所需的激活能不同;测量温度。

25.（A）解答思路:

位错内耗强烈地依赖于冷加工程度。在实际情况下,若内耗对冷加工敏感,则可以肯定这种内耗与位错有关。

26.（D）解答思路:

弛豫时间与温度有关,温度越高,弛豫时间越短。

27.（B）解答思路:

应力感生有序是由间隙原子(点缺陷)有序排列引起的内耗。位错线脱钉往复运动引起的内耗与线缺陷有关。

28.（C）解答思路:

当频率 ω 趋于无穷大时,意味着应力的变化非常快,材料来不及发生弛豫过程,相当于绝热加载,材料接近完全弹性体,内耗趋于 0,动力模量 $\mathrm{Re}(\tilde{E})$ 趋于无弛豫模量 E_u。当 ω 趋于 0 时,意味着应力的变化非常慢,每一个瞬时应变都有足够的时间完全产生,应力和应变可同步变化，相当于等温加载，此时内耗也为0，动力模量趋于$\mathrm{Re}(\tilde{E})$弛豫模量E_R。当$\omega\tau=1$时，内耗$Q^{-1}=\frac{\Delta_E}{2}$，动力模量$\mathrm{Re}(\tilde{E})=\frac{E_u+E_R}{2}$，由应力和应变构成的回线面积最大，出现内耗峰。

29.（D）解答思路：

弛豫时间与温度之间满足阿伦尼乌斯关系，温度越高，弛豫时间越短，材料越容易从一个平衡态过渡到另一个平衡态。因此，通过改变温度，同样能得到内耗谱。

得到内耗谱有两种方式，一种是改变频率，可得到内耗 - 频率的关系曲线；另一种则是改变温度，得到内耗 - 温度的关系曲线。改变温度，实际上改变的是材料的弛豫时间。利用改变温度的方法，能得到和改变频率相同的效果。

30.（B）解答思路：

位错内耗可分为两部分，即低振幅下与振幅无关的部分和高振幅下与振幅有关的部分。

二、判断题答案

1 ~ 5　错错错对对

6 ~ 10　错对对错错

11 ~ 15　对对错错对

【习题解答与分析】

1.（错）解答思路：

ΔE_ω效应和ΔE_A效应统称为弹性因瓦效应。

2.（错）解答思路：

ΔE_λ效应引起的附加应变与铁磁体的磁致伸缩系数正负无关。不论磁致伸缩系数正负与否，拉应力下恒有附加的应变产生，引起ΔE_λ效应。

3.（错）解答思路：

当铁磁体上作用一弹性应力时，除了产生由外力引起磁畴磁矩重新取向的ΔE_λ效应以外，外力还可能使磁畴的饱和磁化强度M_S发生变化。通常，ΔM_S效应很小，但对于因瓦合金而言则较大。在拉应力作用下，$\Delta M_S>0$，导致铁磁铁产生附加的体积增加，弹性模量降低，发生ΔE_ω效应。

6.（错）解答思路：

弹性范围内保持恒应力的非弹性现象称为应变弛豫；弹性范围内保持恒应变的非弹性现象称为应力弛豫。

9.（错）解答思路：

未弛豫模量E_u、弛豫模量E_R与应力弛豫时间τ_ε、应变弛豫时间τ_σ之间满足关系：$\frac{E_u}{E_R}=\frac{\tau_\sigma}{\tau_\varepsilon}$。

10.（错）解答思路：

理想弹性体应力与应变之间完全遵守胡克定律，两者的变化随时保持相同的相位。而具有滞弹性的物体,由于应变落后于应力,则不服从胡克定律,反映的是弹性不完整性。

13.(错)解答思路:

滞弹性内耗与材料所处的应力水平或应变振幅无关,只与振动频率及温度有关,并且没有永久变形。静滞后内耗则与加载速率无关,而与振幅有关。

14.(错)解答思路:

由于内耗的大小是对材料自身微观行为的反映,因此是一种对组织结构敏感的参数。

三、问答题解答与分析

1. 解答思路:

(1) 弹性模量:表征在应力作用下材料发生弹性变形的难易程度,实际上反映原子间的作用力关系,是相邻原子的平衡位置偏离量与相互间引力或斥力的度量。

(2) 胡克定律:用于描述材料弹性的基础理论。按照胡克定律,材料受力之后,材料所受到的应力,与材料产生的应变之间成正比。

(3) 弹性模量温度系数:满足关系$\beta_E = \frac{dE}{dT} \cdot \frac{1}{E}$,表示弹性模量$E$随温度$T$的变化关系。$|\beta_E|$越大,温度升高$E$下降幅度越大。

(4)ΔE效应(弹性反常):居里点以下,铁磁体未磁化时的弹性模量低于饱和磁化后的弹性模量,称为弹性的铁磁性反常,也称ΔE效应。

(5) 弹性因瓦效应:ΔE_ω效应和ΔE_A效应统称为弹性因瓦效应,是铁磁体的磁畴磁矩绝对值大小变化引起的额外体积变化,ΔE_ω效应由弹性应力引起额外应变,ΔE_A效应由温度变化引起额外应变。这两个效应对因瓦合金的影响都很大,可产生弹性模量的反常。

(6) 艾林瓦效应:弹性模量不随温度变化或变化很小的现象称为艾林瓦效应。

(7) 滞弹性:材料在弹性范围内出现的应变落后于应力的非弹性现象称为滞弹性。

(8) 循环韧性:弹性范围内,在交变循环载荷下,由于应变落后于应力引起弹性滞后环,这个环的面积相当于交变载荷下不可逆的能量消耗,称为循环韧性。

(9) 应变弛豫:在恒应力下,应变随时间发生变化即为应变弛豫现象。

(10) 应力弛豫:在恒应变下,应力随时间发生变化即为应力弛豫现象。

(11) 标准线性固体力学模型:用弹簧表示满足胡克定律的理想弹性元件;用充满黏性液体的黏壶,来表示符合牛顿流动定律的黏性元件。把一个弹性元件,与另一个弹性元件串联一个黏性元件后,构成的并联形式,组合构成标准线性固体力学模型,也称齐纳模型。

(12) 黏弹性:通常高分子材料或高聚物(包括高分子固体、熔体及浓溶液等)的力学响应总是或多或少表现为弹性(满足胡克定律)与黏性(满足牛顿流动定律)相结合的特性,这种特性称为黏弹性。黏弹性的本质是聚合物分子运动具有松弛特性。

(13) 绝热加载:加载速度极快,外力做功产生的热完全来不及与环境交换,反映的是理想弹性体的弹性特征。

(14) 等温加载:加载速度缓慢,外力做功产生的热能够与环境充分交换,反映的是完全弛豫弹性体的弹性特征

(15) 弛豫模量(等温弹性模量):等温条件加载下的弹性模量。在恒应力应变弛豫下,弛豫模量为恒应力与平衡应变的比值;在恒应变应力弛豫下弛豫模量是弛豫完全的应力与恒应变的比值。

(16) 未弛豫模量(绝热弹性模量):绝热条件加载下的弹性模量,即瞬时应力与瞬时应变之比,称为未弛豫模量,又称绝热弹性模量。

(17) 动力弹性模量:实际测定材料的弹性模量时,加载速率往往介于绝热加载和等温加载之间,此时测得的弹性模量称为动力弹性模量,该值往往介于未弛豫模量和弛豫模量之间。

(18) 模量亏损:表征材料因滞弹性而引起的弹性模量的下降,即未弛豫模量 E_u 与动力弹性模量 E 之差,与动力弹性模量 E 之比,满足关系:$\frac{\Delta E}{E}=\frac{E_u-E}{E}$。

(19) 内耗:一个自由振动的物体,即使处在与外界完全隔离的系统中,其振幅也会逐渐衰减,最后停止下来,这说明振动能逐渐地被消耗掉了,对固体材料这种内在的能量损耗称为内耗。

(20) 动力模量(动态模量):复弹性模量的实数部分称为动力模量,也称动态模量,该参量是由仪器实际测得的模量。

(21) 内耗谱:在不同加载频率或温度下测得的一系列的内耗峰称为内耗谱。内耗谱上的每个内耗峰将对应不同的内耗机制。

(22) 滞弹性内耗:由于应变的滞后,材料在适当频率的振动应力即交变载荷下,会出现振动的阻尼现象,因此由滞弹性产生的内耗称为滞弹性内耗,滞弹性内耗与振幅无关。

(23) 应力感生有序:固溶体中的间隙原子或置换原子在外力作用下发生重新分布,产生有序排列。这种由于应力引起的原子偏离无序状态分布的过程称为应力感生有序。应力感生有序过程往往引起内耗。

2. 解答思路:

(1) 材料的弹性:材料在外力的作用下发生变形,去掉外力恢复到变形前状态的性质。

(2) 弹性模量表征在应力作用下材料发生弹性变形的难易程度,表示材料抵抗变形的能力,反映原子间结合力。

(3) 弹性模量的影响因素:

① 温度:温度升高,弹性模量线性降低。随着温度的升高,原子振动加剧,体积膨胀,原子间距增大,原子间相互作用力减弱,弹性模量会降低。

② 相变的影响:相变中,原子在晶体学上的重构和磁的重构造成弹性模量发生变化,其基本规律是晶格变致密,弹性模量上升。对铁磁性材料而言,还会出现弹性反常现象。

③ 无限固溶体:E 随原子浓度呈线性变化;若含有过渡族金属,合金的弹性模量值同组元成分不呈直线变化。

④ 有限固溶体:溶质对合金弹性模量的影响主要有三个方面:溶质原子加入造成点阵畸变引起弹性模量降低;溶质原子阻碍位错线的弯曲和运动,削弱点阵畸变的影响使弹性模量增加;当溶质和溶剂原子间结合力比溶剂原子间结合力大时,会引起合金弹性模量的增加,反之降低。两金属构成有限固溶体时,弹性模量随溶质含量增加呈线性减小,且价数差越大,弹性模量减小越多。

⑤ 共价键、离子键和金属键都有较高的弹性模量。无机非金属材料大多数由共价键或离子键,以及两种键合共同作用方式构成,因而有较高的弹性模量。金属及其合金为金属键结合,也有较高的弹性模量。而高分子聚合物分子之间为分子键结合,分子键结合力较弱,因此高分子聚合物的弹性模量较低。

⑥ 弹性模量与晶体结构密切相关,晶格致密的方向,弹性模量高,往往存在弹性模量的各向异性。

⑦ 其他因素:材料内的孔隙、多相结构、材料的复合方式等。

3. 解答思路:

(1) 弹性模量是反映原子间结合力大小的物理量。当无外力作用时,引力和斥力平衡,原子处于平衡位置,此时合力为零,势能最低,处于平衡状态。当外力使原子接近时,斥力大于引力,合力表现为斥力。因此,当外力去掉后,原子会自发回到平衡位置。当外力使原子远离时,引力大于斥力,合力表现为引力,因此,当外力去掉后,原子也会自发回到平衡位置。

(2) 弹性和热膨胀的理论差异主要在于简谐振动和非简谐振动。对弹性而言,简谐近似后,当无外力作用时,原子间距离为 $r = r_0$,此时引力和斥力平衡,合力为零,势能最低,处于平衡状态。当受力后,原子偏离平衡位置,去掉外力,原子回到平衡位置,呈现弹性状态。对热膨胀而言,固体材料的热膨胀本质,归结为点阵结构中的质点间平均位置随温度升高而增大,来自原子的非简谐振动。此时,合力为零的点与振动中心不重合,造成左右两侧受力不对称。由于受力的不对称性,质点振动的平均位置不在 r_0 处,而要向右移,相邻质点间的平均距离增加。温度升高,不对称性越大,平均位置右移越多,平均距离越大。宏观上造成材料在该方向的膨胀。

4. 解答思路:

在二元系统中,总的弹性模量可用混合定律来描述。对两相片层相间的复相陶瓷材料三明治结构模型来说:

假设两相应变相同,即沿平行层面拉伸时,复合材料的弹性模量 $E_{/\!/}$ 满足关系

$$E_{/\!/} = \varphi_1 E_1 + \varphi_2 E_2$$

假定两相的应力相同,即垂直于层面拉伸时,复合材料的弹性模量为 $E_{\perp}$ 满足关系

$$E_{\perp} = \frac{E_1 E_2}{\varphi_1 E_2 + \varphi_2 E_1}$$

5. 解答思路:

ΔE 效应是指居里点以下,铁磁性材料未磁化时的弹性模量低于饱和磁化后的弹性模量的弹性的铁磁性反常。

根据产生 ΔE 效应的原理不同,ΔE 效应包括:(1) ΔE_{λ} 效应。力的作用使磁畴磁矩重新取向,引起额外的应变,即力致线性收缩,造成弹性模量降低。(2) ΔE_{ω} 效应。应力造成饱和磁化强度变化,产生附加体积增加,即力致体积伸缩,引起弹性模量降低。(3) ΔE_{A} 效应。温度升高,自发磁化减弱,伴随体积反常膨胀,即自发体积磁致伸缩,造成弹性模量升高。对某些材料而言,当温度升高引起的体积膨胀与自发磁化强度减小引起的磁致体积收缩相抵消,则会出现弹性模量在一定温度范围内恒定的情况,即弹性因瓦效应。

6. 解答思路:

(1) 理想弹性体:完全遵守胡克定律,应力和应变的变化随时都保持相同的位相。

(2) 实际弹性体:存在着明显的非弹性现象,应变落后于应力,存在循环韧性,产生内耗。滞弹性的方式包括恒应力下的应变弛豫,存在弹性蠕变和弹性后效等非弹性现象。还有恒应变下的应力弛豫。

(3) 一个自由振动的物体,即使处在与外界完全隔离的系统中,其振幅也会逐渐衰减,

最后停止下来,这说明振动能逐渐地被消耗掉,对固体材料这种内在的能量损耗称为内耗。内耗是材料内部的内耗源在应力作用下行为的本质反映。

7. 解答思路:

具有滞弹性特征的材料,有以下两种加载方式的极端形式:

第一种加载的极限情况称为绝热加载。这种方式的加载速度极快,此时,由于外力做功产生的热量来不及与外界环境交换,因而形成绝热条件加载。绝热加载情况下,不论恒应力还是恒应变,在曲线中,都是一个瞬时应力,对应产生一个瞬时应变,这实际反映的是理想弹性体的弹性特征,不存在内耗。

另一种加载的极限情况称为等温加载。这种方式的加载速度缓慢,外力做功产生的热量可与外界环境充分交换,因而形成等温条件加载。此时,由于应力应变完全同步,为完全弛豫过程,应力和应变滞后回线面积为0,同样也不产生内耗。

8. 解答思路:

在绝热条件加载下的弹性模量,是瞬时应力与瞬时应变的比,用 E_u 来表示,称为未弛豫模量,又称绝热弹性模量。在等温加载下的弹性模量,称为弛豫模量或等温弹性模量,用 E_R 来表示。在恒应力、应变弛豫下,E_R 是恒应力与平衡应变的比值;而在恒应变、应力弛豫下,E_R 是弛豫完全的应力与恒应变的比值。未弛豫模量 E_u 大于弛豫模量 E_R。对于一般的弹性合金来说,E_u 与 E_R 相差不大,如果没有特殊要求,可认为两者相同。另外,经过推导可以得到,未弛豫模量 E_u、弛豫模量 E_R 与应力弛豫时间 τ_ε、应变弛豫时间 τ_σ 之间满足关系:$\dfrac{E_u}{E_R}=\dfrac{\tau_\sigma}{\tau_\varepsilon}$。

9. 解答思路:

处于退磁状态和磁饱和状态下的铁磁性材料弹性模量随温度变化的关系如解答图 7.1 所示。

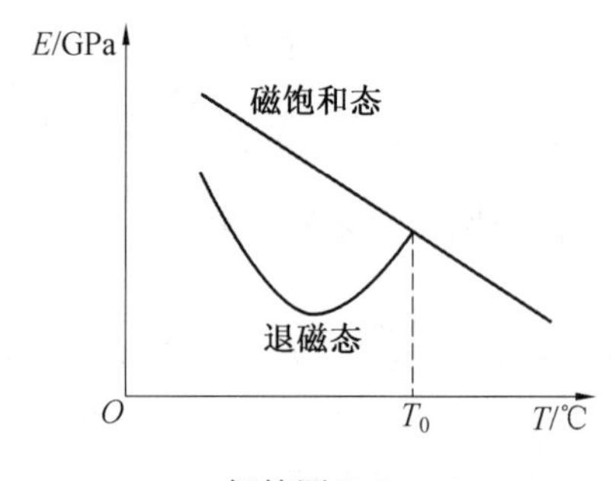

解答图 7.1

退磁状态的铁磁体,除了由拉应力引起的正常弹性应变外,还存在由畴壁移动和磁矩转动造成磁畴磁矩重新取向引起的附加应变,称为力致线性伸缩。不论磁致伸缩系数正负与否,拉应力下,恒有附加的应变产生,这就是 ΔE_λ 效应,即力的作用使磁畴磁矩重新取向,产生额外的应变,使弹性模量较磁饱和态的弹性模量更低。温度高于 T_p,则铁磁性消失,满足正常材料的 E 随温度升高而降低的规律。

10. 解答思路:

艾林瓦效应的产生与 ΔE 效应有关。通过选择一定的合金成分和热处理制度,随温度升高,材料自身因受热膨胀引起的弹性模量降低的正常变化,与由温度升高引起 ΔE 效应消失导致弹性模量升高的反常变化，两者相互补偿并抵消，会出现弹性模量在一定温度范围内恒定不变的现象，这也是弹性模量温度系数接近于 0 的原因所在。

11. 解答思路：

（1）弹性模量的测试方法可以分为静态法和动态法。静态法是常规的力学性能测试方法，即测定材料在给定应力下的应变量，并根据胡克定律计算得到材料的弹性模量。但是，静态法受测试载荷大小、加载速率等因素的影响，无法很真实地反映材料内部结构变化，并且脆性材料微弱的弹性阶段，也使静态法测试遇到很大困难。动态法的测试原理主要是基于共振原理，即试样受迫振动时，当外加应力的变化频率与试样固有频率相等，则引起试样共振，通过测定试样的固有振动频率或声波在试样中的传播速度，以此获得材料的弹性模量。与静态法相比，动态法测定弹性模量更为精确，能准确反映材料微小变形时的物理特性。

（2）动态法测定时，若加载频率很高，则可认为是瞬时加载，即可视为绝热条件下测定；静态法相对动态法而言，加载频率很低，则可视为等温条件下测定。通常，静态法测定的结果较动态法低。

12. 解答思路：

（1）滞弹性内耗的特征是：内耗与材料所处的应力水平或应变振幅无关，而与振动频率及温度有关，并且没有永久变形。

（2）内耗峰出现在 $\omega\tau=1$ 的位置。根据 $\omega\tau=1$，除了从频率 ω 的角度研究内耗以外，也可以从弛豫时间 τ 的角度开展内耗研究。弛豫时间就是受力材料，从一个平衡态过渡到另一个平衡态时，内部原子调整所需要的时间，并且温度越高，弛豫时间越短，材料越容易从一个平衡态过渡到另一平衡态。通过阿伦尼乌斯关系，可以建立弛豫时间 τ 和温度 T 的关系，即满足关系 $\tau=\tau_0 e^{\frac{H}{RT}}$。因此，通过改变温度，同样能得到内耗峰和内耗谱。利用改变温度的方法，能得到和改变频率相同的效果。

13. 解答思路：

得到内耗谱有两种方式，一种是在某一温度下，通过改变频率得到内耗 - 频率的关系曲线；另一种则是在某一频率下，通过改变温度得到内耗 - 温度的关系曲线。改变温度，实际上改变的是材料的弛豫时间，利用改变温度的方法，能得到和改变频率相同的效果。

14. 解答思路：

体心立方点阵中间隙原子的应力感生有序，如交变应力下，碳原子在 α - Fe 点阵中扩散，其机制是间隙原子的应力感生有序。当晶体没有受力时，间隙原子（如碳原子）在这些位置上是统计均匀分布的，即在 x、y、z 位置的间隙原子各占 1/3。如在某一位置上的溶质原子数量大于 1/3，则称这种溶质原子择优分布的现象为有序化。由于间隙原子在点阵中引起的是不对称畸变，所以有序化将导致相应方向上的伸长要大于其他方向。若沿 z 方向施加拉应力，则沿 z 方向上的间隙位置能量比其他方向低，因此碳原子便从受压的方向跳到 z 方向的位置上，于是便产生了溶质原子应力感生有序化。当晶体在 z 方向受交变应力时，间隙原子便在这些位置上来回跳动，由于溶质原子的有序是通过微扩散过程实现的，因此造成应变滞后于应力，产生滞弹性行为，从而引起内耗。

15. 解答思路：

位错钉扎产生内耗的过程可用 K - G - L 理论模型进行说明。模型中，位错线两端由不可动的点缺陷所钉扎，称为强钉扎。强钉扎不可脱钉。位错线内点缺陷视为弱钉扎。弱钉扎在受力时可以脱钉。在外加交变应力不大时,弱钉扎间的位错段“弓出”往复运动。应变振幅大,位错线“弓出”加剧。这一运动过程中要克服阻尼力,因而引起内耗。当外加应力增加到脱钉应力时,弱钉可被位错抛脱,进而产生比原先更长的位错线段,引起更大的脱钉力,直至网络结点间的钉扎全部脱开。继续增加应力,位错段将继续“弓出”。当外加应力减小的,位错段将做弹性收缩,最后被重新钉扎,直至应力为0。

在整个过程中,脱钉前,弱钉扎间的位错段在交变应力下做振动,需要克服阻力,从而产生内耗,并且这种内耗与振幅无关,但与频率有关。这种由于做强迫阻尼振动所引起的内耗是阻尼共振型内耗。在脱钉与缩回的过程中,位错的运动情况与脱钉前的阻尼振动不同,对应的应力 - 应变关系包含着一个滞后回线,并且不同的加载应力下,将产生不同的滞后回线面积。此阶段内,加载时,同一载荷下具有不同的应变量,完全除去载荷后有永久变形产生,只有当反向加载时才能回复到零应变。这种内耗与加载速率无关,而与振幅有关,称为静滞后内耗。

16. 解答思路:

滞弹性内耗的特征是:内耗与材料所处的应力水平或应变振幅无关,只与振动频率及温度有关,并且没有永久变形。静滞后内耗则与加载速率无关,而与振幅有关。

17. 解答思路:

3 种物理性能滞后的现象包括:介电性能中,电极化强度与电场强度间的电滞回线;磁学性能中,磁化强度与磁场强度间的磁滞回线;滞弹性中的应力与应变间的弹性滞后环。这几种滞后现象,都是材料的响应落后于施加在材料上作用造成的。电滞回线是电极化强度落后于电场强度出现的,磁滞回线是磁化强度落后于磁场强度产生的,而应变落后于应力则引起弹性滞后环。在这一滞后过程中,会出现能量损耗和损耗角正切值。

18. 解答思路:

可用来描述原子间结合力的物理量包括:弹性模量 E、德拜温度 Θ_D、熔点 T_m、线膨胀系数 α_l、体膨胀系数 β。这几个物理量的关系是:弹性模量 E、德拜温度 Θ_D、熔点 T_m 间呈正比关系;而线膨胀系数 α_l、体膨胀系数 β 与上述物理量成反比。

19. 解答思路:

(1) 造成曲线1和2的 E 随 T 的升高而增加的可能原因是 ΔE_ω 效应和 ΔE_A 效应(即弹性因瓦效应)。其中,ΔE_ω 效应由弹性应力引起。当铁磁体上作用弹性应力时,除了产生由外力引起磁畴磁矩重新取向的 ΔE_λ 效应以外,外力还可引起磁畴内自旋磁矩进一步取向,导致其产生附加的体积增加,即发生力致体积伸缩,引起弹性模量的降低。对 ΔE_A 效应是由温度变化引起的。当铁磁体从高于居里点冷却至低于居里点时,产生自发磁化,这一过程中伴随着体积的变化,称为自发体积磁致伸缩,同样造成弹性模量的降低,称为 ΔE_A 效应,这两种效应引起弹性反常。随温度升高,弹性因瓦效应逐渐消失,释放因力致体积伸缩和自发体积磁致伸缩造成的体积收缩,从而使弹性模量升高。

(2) 曲线 1 所处磁场强度高。要完全消除 ΔE_ω 效应和 ΔE_A 效应引起的弹性反常,只有使用 8×10^8 A/m 数量级的强磁场强度进行磁化才足够。在这样的高磁场下使材料达到磁化饱和以后,可能出现如曲线 3 所示 E 随 T 的变化关系。

(3) 温度 T_p 为居里点,高于此温度材料将从铁磁性变成顺磁性,因而 E 随 T 变化关系满足正常的 E 随 T 升高而降低。

(4) 铁磁性是由于材料在无外磁场作用下,温度低于某一定温度时,材料处于自发磁化状态。当材料经历很小的磁场后，即可实现磁矩的定向平行排列，对外显磁性。

铁磁性产生的两个条件是：原子中存在没有被电子填满的状态（必要条件），即固有磁矩不为零；形成晶体时，原子间的键合作用是否对形成铁磁体有利（充分条件），即交换积分大于0，电子自旋平行排列，与晶体结构有关。通常，满足点阵常数 a 与未填满电子壳层半径 r 之比大于3时，交换积分 $A > 0$。

20. 解答思路：

解答见第9题。

21. 解答思路：

（1）对1而言，无序固溶体形成时，溶质溶入破坏晶格完整性，引起电子散射增大，随溶质元素增多，电子散射增强，电阻率增大。溶质原子百分数超过50%后，溶质溶剂翻转，所以电阻率降低。对曲线2而言，第1段为溶质增多，破坏晶格完整性，使电子散射增大，电阻率升高，第2段溶质继续增多，使晶格有序化，电子散射降低，电阻率降低。之后的几段线的规律重复第1段和第2段曲线的变化关系和原因。

（2）热膨胀系数 α_l 随温度 T 可能的变化关系如解答图7.2所示。曲线1原子百分数50%位置处为无序固溶体，α_1 随温度 T 升高而增大，近似满足三次方关系；曲线2原子百分数50%位置处为有序固溶体，随温度升高，会出现有序向无序的转变，相变点附近出现二级相变的特征，即 α_1 随温度 T 升高在相变点附近发生连续性变化，其他正常温区 α_1 随温度 T 升高而增大。

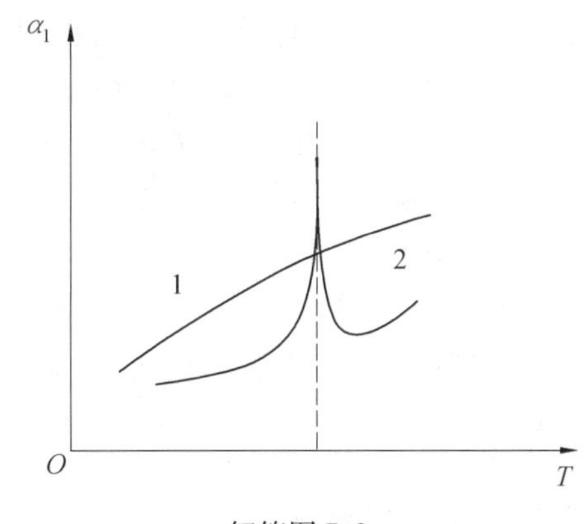

解答图7.2

（3）弹性和热膨胀的理论差异主要在于简谐振动和非简谐振动。

对弹性而言，简谐近似后，当无外力作用时，两原子间距离 $r = r_0$，此时引力和斥力平衡，合力为0，势能最低，处于平衡状态。当受到压应力时，两原子间距离 $r < r_0$，此时斥力大于引力，合力为斥力；当受到拉应力时，两原子间距离 $r > r_0$，此时引力大于斥力，合力为引力；去掉外力后，原子又回到平衡位置。

对热膨胀而言，固体材料的热膨胀本质，归结为点阵结构中的质点间平均位置随温度升高而增大，来自原子的非简谐振动。此时，合力为0的点与振动中心（平均位置）不重合，造成左右两侧受力不对称。由于受力的不对称性，质点振动的平均位置不在 r_0 处，而要向右移，相邻质点间的平均距离增加。温度升高，不对称性越大，平均位置右移越多，平均距离越大，宏观上造成材料在该方向的膨胀。

参 考 文 献

[1] 李见. 材料科学基础[M]. 北京:冶金工业出版社,2000.
[2] 冯端,师昌绪,刘治国. 材料科学导论[M]. 北京:化学工业出版社,2002.
[3] 田莳. 材料物理性能[M]. 北京:北京航空航天大学出版社,2004.
[4] 陈騑騢. 材料物理性能[M]. 北京:机械工业出版社,2006.
[5] 关振铎,张中太,焦金生. 无机材料物理性能[M]. 北京:清华大学出版社,2005.
[6] 连法增. 材料物理性能[M]. 沈阳:东北大学出版社,2005.
[7] 熊兆贤. 材料物理导论[M]. 北京:科学出版社,2001.
[8] 宗祥福,翁渝民. 材料物理基础[M]. 上海:复旦大学出版社,2001.
[9] 付华,张光磊. 材料性能学[M]. 北京:北京大学出版社,2010.
[10] 吴其胜. 材料物理性能[M]. 上海:华东理工大学出版社,2006.
[11] 马如璋,蒋民华,徐祖雄. 功能材料学概论[M]. 北京:冶金工业出版社,1999.
[12] 龙毅. 材料物理性能[M]. 长沙:中南大学出版社,2009.
[13] 刘强,黄新友. 材料物理性能[M]. 北京:化学工业出版社,2009.
[14] 陈树川. 材料物理性能[M]. 上海:上海交通大学出版社,1999.
[15] 李言荣,恽正中. 材料物理学概论[M]. 北京:清华大学出版社,2001.
[16] 邱成军,王元化,王义杰. 材料物理性能[M]. 哈尔滨:哈尔滨工业大学出版社,1999.
[17] 周玉. 陶瓷材料学[M]. 北京:科学出版社,2004.
[18] 王从曾. 材料性能学[M]. 北京:北京工业大学出版社,2001.
[19] 刘恩科,朱秉升,罗晋生. 半导体物理学[M]. 7 版. 北京:电子工业出版社,2008.
[20] 胡正飞,严彪,何国求. 材料物理概论[M]. 北京:化学工业出版社,2009.
[21] 晁月盛,张艳辉. 功能材料物理[M]. 沈阳:东北大学出版社, 2006.
[22] 崔忠圻,刘北兴. 金属学与热处理原理[M]. 哈尔滨:哈尔滨工业大学出版社,1998.